东华理工大学放射性地质实验教学中心实践教学系列教材

晶体光学实习教程

杜后发　编著

中国原子能出版社

图书在版编目(CIP)数据

晶体光学实习教程 / 杜后发编著．—北京：中国原子能出版社，2012.4(2025.8 重印)
ISBN 978-7-5022-5382-0

Ⅰ.①晶… Ⅱ.①杜… Ⅲ.①晶体光学—实习—高等学校—教材 Ⅳ.①O734-45

中国版本图书馆 CIP 数据核字(2011)第 246324 号

内容提要

该教程是《晶体光学与造岩矿物》等基础地质学类课程的配套实习教程，课程总学时 38 学时，共安排了 12 次室内显微镜薄片鉴定实习，内容包括偏光显微镜的结构与使用方法，单偏光、正交偏光和锥光镜下的晶体光学性质及常见造岩矿物的分类、光性特征。通过偏光显微镜可对晶体光学性质进行基本技能的训练，同时，加深对晶体光学中所涉及的抽象概念的进一步理解。

本书的突出特点是实习目的明确，实习内容详细，实习步骤具体以及可操作性强，并详细列出每次实习所用标本和薄片号码，实习报告格式，通过查阅该指导书，可独立完成实习内容。本书除了作为高等院校地质学、地质勘查类专业学生的基础地质学类课程配套实习教学用书外，也可供岩矿鉴定及广大地质工作者参考。

晶体光学实习教程

出版发行 中国原子能出版社(北京市海淀区阜成路 43 号 100048)
责任编辑 谭 俊
责任校对 冯莲凤
责任印制 赵 明
印 刷 中煤(北京)印务有限公司
经 销 全国新华书店
开 本 787 mm×1092 mm 1/16
印 张 3 **插 页** 2 **字 数** 78 千字
版 次 2012 年 4 月第 1 版 2025 年 8 月第 3 次印刷
书 号 ISBN 978-7-5022-5382-0 **定 价** 12.00 元

网址：http://www.aep.com.cn **E-mail：atomep123@126.com**
发行电话：010-88828678

总　　序

东华理工大学放射性地质实验教学中心是在东华理工大学前身太谷地质学校铀矿地质实验室的基础上发展而来。20世纪50年代中叶，为了响应党中央、国务院作出的发展原子能事业的伟大决策和“打破帝国主义核垄断”的号召，国家第二机械工业部于1956年6月创立了太谷地质学校，专门培养铀矿勘查技术人员。1959年学校迁至邻近某特大型铀矿区的江西省抚州市，校名改为抚州地质专科学校（本科），1978年改为抚州地质学院，1982年更名为华东地质学院，2002年更名为东华理工学院，2007年更名为东华理工大学。为全世界唯一的专门从事核燃料循环工程和放射性地学人才培养工作的高等学校，被联合国国际原子能机构（IAEA）指定为铀矿地质和同位素水文学高级培训中心。

放射性地质实验教学中心包括基础地质实验室、铀矿地质实验室、地质信息处理实验室、地球化学实验室、放射性地球物理勘探实验室、放射性水文地质与工程地质实验室等六个功能实验室，并建有杭州基础地质认识、江山区域地质调查、相山铀矿地质三个野外实习基地和地质博物馆，鹰潭龙虎山、抚州温泉、南昌梅岭、庐山等多个课间野外地质认识实习基地，以及鄂尔多斯、江西信江等多个产、学、研野外实习基地。2009年1月20日，该中心被教育部、财政部批准为2008年度国家级实验教学示范中心建设单位（教高函（2009）5号）。

为切实落实国家实验教学示范中心的建设目标，加强实验教学中心的内涵建设，中心做到以培养学生实践能力、创新能力和提高教学质量为宗旨，以实验教学改革为核心，以实验资源开放共享为基础，以高素质实验教学队伍和完备的实验条件为保障，创新管理机制，全面提高实验教学水平和实验室使用效益。建设过程中取得了一系列显著的实践教学效果，如在首届全国大学生地质技能大赛上，我校学子获得了包括地质技能综合应用一等奖（第1名）等多项佳绩，赢得了与会专家、兄弟院校的高度评价。

本系列实验、实习教材的出版是我校放射性地质实验教学中心进一步加强学生实践能力和创新精神培养、改进实验教学体系、内容和方法，凝练优秀教学成果，促进优质资源整合、共享的重要举措之一。系列实验、实习教材内容凝聚了我校相关专业教师多年的教学成果积累，是在原有自编特色、优势实践教学类讲义基础上重新编写或修订完成的。该系列教材适合资源勘查工程、地球化学、勘查技术与工程、地球物理学、水文与水资源工程、土木工程等本专科专业相关课程的室内实践教学实习和课间野外实践教学实习使用，同时也可供相关专业人员参考。

本系列教材的出版得到了东华理工大学领导，地球科学学院、核工程技术学院、水资源与环境工程学院、建筑工程学院以及教务处等单位领导和老师的大力支持。

最后，衷心感谢参加这套教材编写的全体教师，正是由于他们的辛勤劳动，编写工作才得以顺利完成。同时真诚感谢中国原子能出版传媒有限公司（中国原子能出版社）的领导和有关同志，正是由于他们的最大支持和认真督促，这套教材才能够如期与读者见面。

东华理工大学副校长
放射性地质实验教学中心主任

2011.6.30

前 言

本教程适用于资源勘查工程、地球化学、区域地质调查与矿产普查等地学类本、专科专业《晶体光学》等基础地质学类课程的室内实践教学实习，同时也适合于岩矿鉴定、珠宝鉴定人员及有关地质学类课程实习参考。

《晶体光学》是研究光对透明矿物晶体作用所引起的一系列光学现象及其规律的一门基础学科。晶体光学实习目的是应用晶体光学原理及方法，正确熟练运用偏光显微镜测定透明矿物的光学性质和光性数据以鉴别矿物，并把课堂上学到的理论与实习相互结合，其特点是学生通过大量的实习操作，掌握未知透明矿物的系统鉴定方法和常见造岩矿物的光学性质。岩矿鉴定方法简便、快速，是研究岩石最广泛应用的手段之一，尤其是地球化学、资源勘查工程等专业的学生必须掌握的一项基本功。

本教程是作为《晶体光学》教材的配套实习指导书和辅导书而编写的。根据教学计划和教学大纲，充分利用我校现有的教学资源撰写了这本形式和内容都全新的具有明显针对性的实习指导书，并附有CAI多媒体软件试图提高学生的学习效率。该教材编写过程中，东华理工大学地球科学学院地质系全体教师参与了讨论并提出了许多宝贵意见和建议。教材的出版得到东华理工大学放射性地质实验教学中心（国家级实验教学示范中心）和东华理工大学地球科学学院国家级特色专业、国家管理专业、国防重点建设专业和江西省高校品牌专业等的鼎力支持。

该教程所阐述的及所要求的都是晶体光学中最基本的和必须掌握的内容。希望使用本指导书的学生能更好地完成晶体光学实习。由于编写时间仓促和水平有限，内容错误或不当之处在所难免，衷心希望使用本指导书的老师和同学们给予批评指正。对各位领导、老师在该教材的撰写过程中的大力支持和帮助，深表谢意。

杜后发

2011年5月

前言

目　录

实习一　偏光显微镜的构造

——(2 学时,验证性)

一、预习内容

偏光显微镜的结构、使用及矿物颗粒大小的测量方法。

二、目的要求

1. 了解偏光显微镜的构造装置、使用注意事项以及维护保养方法;
2. 学会偏光显微镜的调节(对光、照明)和校正方法;
3. 掌握视域直径、矿物颗粒大小的测量及含量的估计。

三、实习内容

1. 了解偏光显微镜的构造、装置、使用注意事项及保养方法;
2. 填写偏光显微镜构造各部件的名称(机械系统组件、光学系统组件、附件);
3. 装卸物镜、目镜;调整光源、调节焦距、校正中心;
4. 利用(1900)黑云母,确定下偏光镜的振动方向,并检验偏光显微镜是否正交;
5. 矿物颗粒大小测量及含量估计。

四、实习提示

1. 偏光显微镜的使用与调节

(1) 熟悉偏光显微镜的构造装置、使用注意事项及维护保养方法。

(2) 调节照明

① 装上低倍(4×)或中倍(10×)物镜,打开锁光圈,轻推出上偏光镜、勃氏镜及聚光镜;

② 打开光源,调节亮度旋钮至整个视域明亮;(Olympus 偏光显微镜)

③ 转动反光镜至视域最亮为止。(莱兹 CM 型偏光显微镜)

(3) 调节焦距

① 将岩石薄片置于载物台上,并用弹簧夹夹住;

② 从侧面观察物镜,同时旋转粗调旋钮上升载物台或下降镜筒,直至物镜镜头降到最低位置;(注:为了避免压碎薄片,盖玻片应朝上,切勿压碎薄片)

③ 从目镜中观察,并旋转粗调旋钮下降载物台或上升镜筒,若视域内矿物基本清晰可见,应改用微调旋钮,继续旋转微调旋钮直至矿物完全清晰;

④ 若需使用高倍物镜,准焦方法同上。(注:由于高倍物镜工作距离短,在调节焦距时,勿压碎薄片和损坏物镜)

(4) 校正中心

① 必须检查目镜、物镜是否正确安装在相应的位置；

② 在偏光显微镜的光学系统中，物镜、目镜和载物台的中轴应当严格处在一条直线上；

③ 转到载物台，视域十字中心的矿物不偏离中心，周围矿物则围绕十字中心作圆周运动。否则要进行校正，此时，可用校正螺杆校正物镜中轴；

④ 校正中心时，如发现螺丝旋转费力，或失效时，应立即报告，请求指导，切勿强力旋转。

2. 视域直径、矿物颗粒大小的测量及含量的估计

(1) 视域直径的测量

① 测量低倍(4×)、中倍(10×)物镜的视域直径

将带刻度的透明尺子置载物台上，调准焦距并观察视域直径 d(mm)数值，并分别记录在(表 1-1)中，待日后查用；

表 1-1 视域直径和工作距离的测量

物镜 / 目镜(10×)	低倍物镜	中倍物镜	高倍物镜
放大倍数 (×)			
视域直径 (mm)			
工作距离 (mm)			

② 测量高倍(40×)物镜视域直径

将长 1 mm，刻有 100 小格的物台微尺放在载物台上(微尺嵌在玻璃片上)，调准焦距并观察视域直径等于微尺的几小格。若为 20 小格，则高倍物镜视域直径等于 20×0.01=0.2 mm。

(2) 矿物颗粒大小的测量

① 确定目镜微尺每小格的长度

将微尺放在载物台上，调准焦距，旋转物台使得微尺与目镜微尺平行且两微尺零点对齐，然后找出两微尺刻度线重合处，并数出该段各自的刻度数。

用微尺格数/目镜微尺格数×0.01 mm，即可求出目镜每一小格的长度。

② 矿物颗粒大小的测量

将欲测矿物置视域中心，转动载物台使长轴方向平行于目镜微尺；数目镜微尺格数，再乘目镜微尺格值即该矿物的长度；欲测宽，转载物台 90°，测量方法同上。

(3) 目测法估计矿物的百分含量

参考图 1-1 作比较。注意矿物颗粒大小不同，颗粒数目差别很大。矿物形状不同，暗色矿物和浅色矿物的估计都有一定差异。

3. 确定上、下偏光镜振动方向

(1) 在岩石薄片(1900)中，选择一组极完全解理的黑云母(//010)切片，并在单偏光镜装置下，置视域中心。(注：该切面的特点是光轴面的切面，双折射率最大，多色性最明显)

(2) 旋转载物台使黑云母解理缝与十字丝横丝平行，此时黑云母颜色最深(或深褐色)，则十字丝横丝为下偏光镜的振动方向；否则需转动下偏光镜，直到黑云母颜色最深为止(表 1-2)。

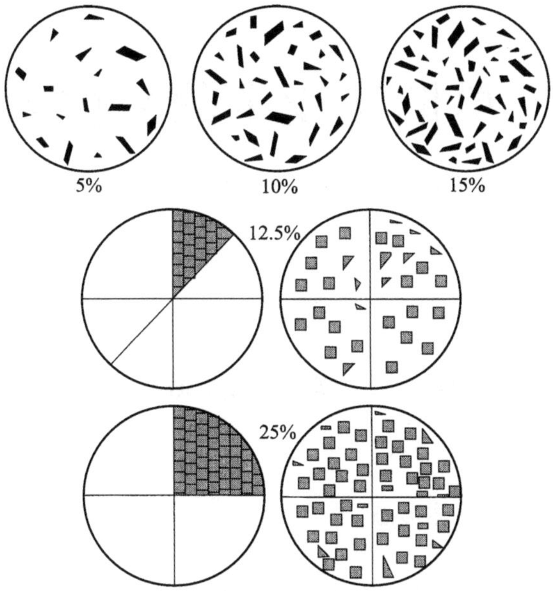

图 1-1　薄片中矿物含量估计示意图

表 1-2　下偏光镜振动方向的测定

薄片号	矿物名称	多色性		下偏光镜振动方向
		颜色最浅	颜色最深	//PP
1900	黑云母(Bi)	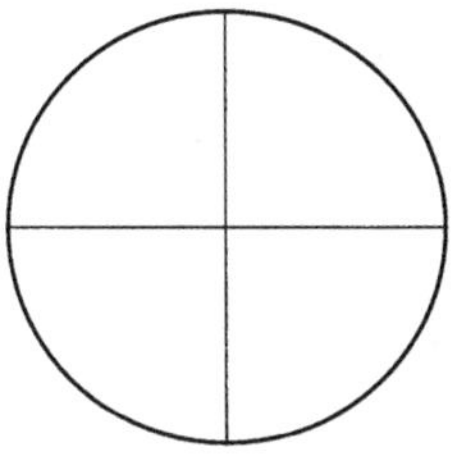	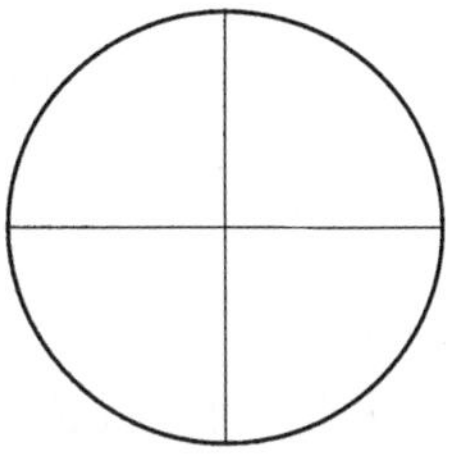	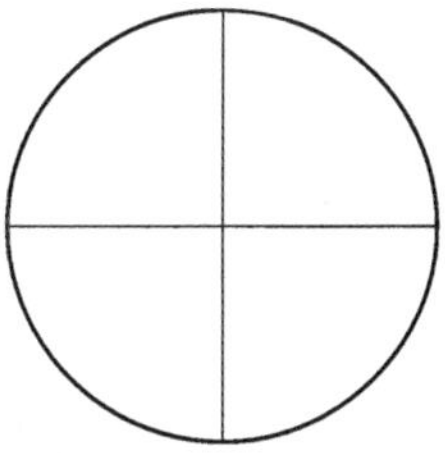

(3) 当下偏光镜的振动方向为东西向，轻推入上偏光镜，若视域黑暗，则上偏光镜的振动方向为南北向；若视域明亮，则旋转上偏光镜的振动方向旋钮，至视域黑暗为止。

五、课外作业

1. 偏光显微镜的构造装置由哪几个部分构成？
2. 偏光显微镜与普通生物显微镜的异同点？
3. 练习目估矿物的百分含量，颗粒大小的测量，调节焦距及校正中心。

实习二　单偏光镜下的晶体光学性质

——矿物形态、解理及解理夹角的测定(2 学时,验证性)

一、预习内容

不同矿物的晶体形态、认识解理及其等级划分依据及解理夹角的测定方法。

二、目的要求

1. 了解薄片中不同矿物晶体形态;

2. 学会区分解理和裂纹;

3. 认识解理及其等级划分依据,了解同一矿物不同方向的解理表现特点,学会解理夹角的测量方法。

三、实习内容

1. 观察矿物晶体形态

薄片号:1310　角闪石:为半自形晶,纵切面长柱状,横切面略成正六边形
　　斜长石:为自形—半自形晶,柱状,板状
　　磷灰石:为自形晶,纵切面细长柱状,横切面为六边形
1900　黑云母:为自形—半自形晶,叶片状,板状
3210　石　英:粒状
　　白云母:为叶片状,板状
　　萤　石:常见粒状,菱形
3111　红柱石:为长柱状,粒状

2. 观察矿物的解理完善程度及裂纹

薄片号:1900　黑云母的一组极完全解理
1103　辉石的中等或完全解理
1310　角闪石的完全解理和裂纹
1106　橄榄石的裂纹(注:解理与裂纹的区别)

3. 解理夹角的测定

薄片号:1310　普通角闪石　{110} 完全解理
1103　辉石　{110} 完全解理

四、实习提示

1. 观察黑云母、辉石、普通角闪石及橄榄石的解理等级(见表 2-1)

(1) 黑云母:平行 C 轴的切面,可见到一组长、密、细,且贯穿整个晶体;垂直 C 轴的切

面；一般见不到解理缝，呈六边形的切面。

(2) 辉石：平行 C 轴的切面，可见到一组解理缝清楚、稀疏，但不完全连贯；横切面具有辉石{110}式解理。

(3) 角闪石：平行 C 轴的切面，可见到一组解理缝清楚、稀疏，但不完全连贯；横切面具有角闪石{110}式解理。

(4) 橄榄石：常见到不规则的裂纹，可能有{010}、{100}解理，但不完全。

表 2-1　绘出黑云母、辉石、普通角闪石及橄榄石的解理等级

薄片号	矿物名称	绘图表示	解理		
			组数	等级	切面特点
1900	黑云母	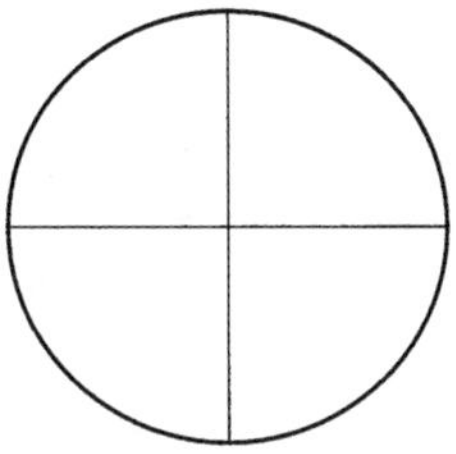			
1103	辉石	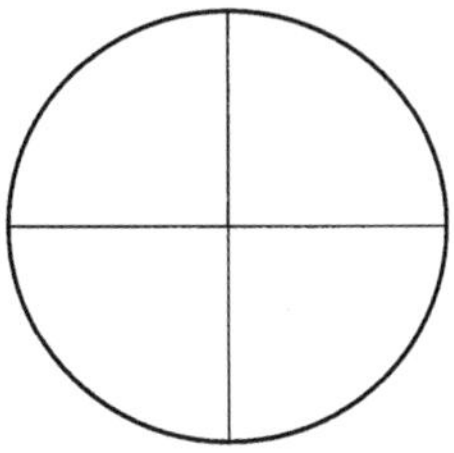			
1310	角闪石	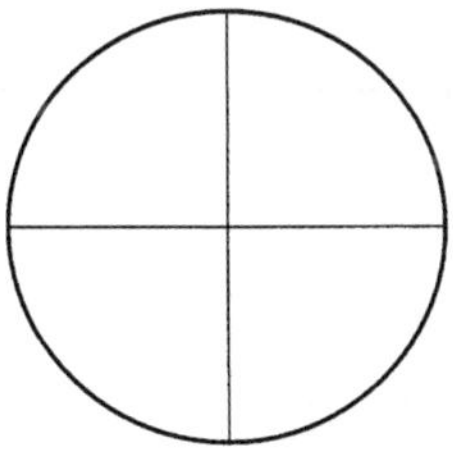			
1106	橄榄石	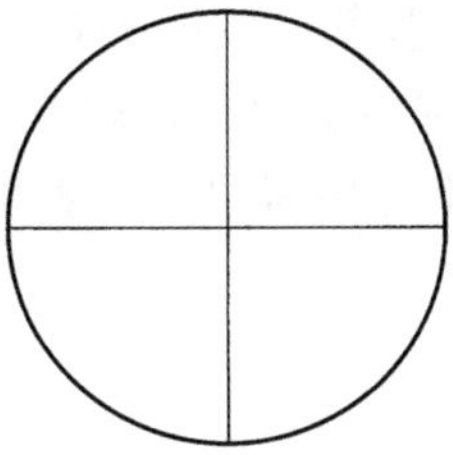			

2. 角闪石或辉石解理的夹角测定

解理夹角在一定的矿物晶体上本来是固定的。在岩石薄片中，由于切面方向不同其解理夹角会显现出一定的差别。只有选择同时垂直于两组解理的切片，才是两组解理的真正夹角。故要测定矿物解理夹角，必须选择垂直两组解理面的切片。

普通角闪石或辉石解理夹角(见表 2-2)的测定方法和步骤如下：

(1) 选择具有两组解理的切片，解理缝细密而清晰，升降镜筒时解理缝不左右移动，将该切片放置视域中心，使解理缝交点与目镜十字丝中心重合；

(2) 旋转载物台，使一组解理缝与目镜横丝或纵丝平行，记下载物台刻度读数为 a；

(3) 然后继续旋转载物台，使另一组解理缝平行于目镜横丝或纵丝，记下载物台的刻度读数为 b；

(4) 解理夹角 $\alpha=|a-b|$。(注：测解理夹角之前，应做好显微镜的中心校正)

表 2-2　普通角闪石、辉石两组解理夹角

薄片号	矿物名称	解理			绘图表示	
		等级	组数	夹角	第一次测量结果 a	第二次测量结果 b
1310	角闪石				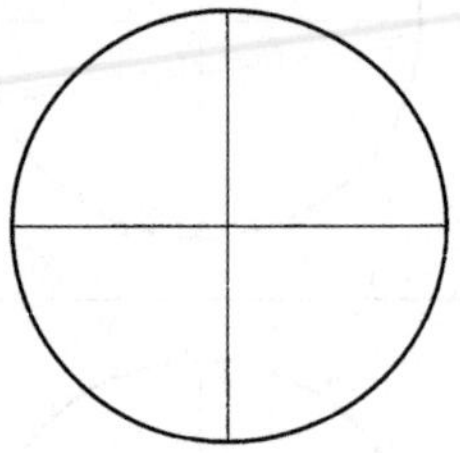	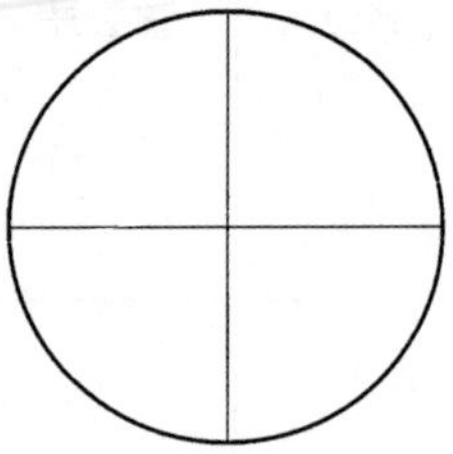
1103	辉石				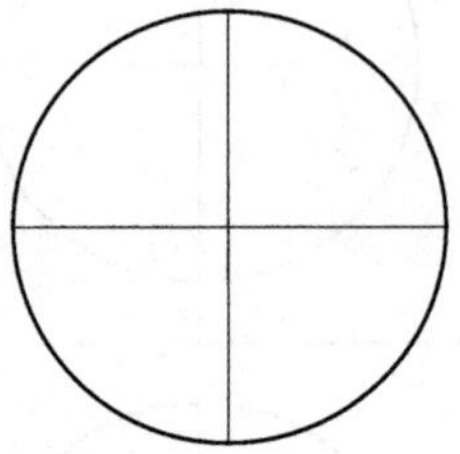	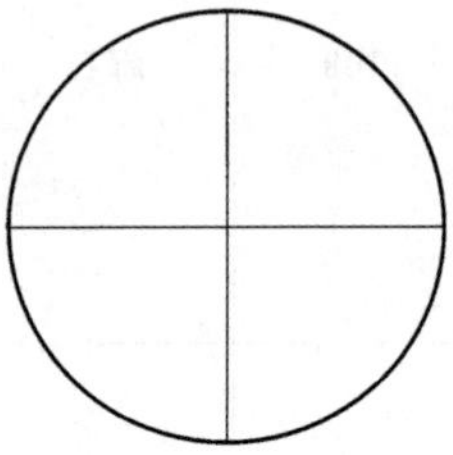

注：减小误差应多测几次，求平均值。

五、课外作业

1. 普通辉石和普通角闪石均发育{110}完全解理

(1) 比较普通辉石(100)、(110)、(010)及垂直 C 轴四种切面上解理缝的清晰程度；

(2) 比较普通角闪石(100)、(110)、(010)及垂直 C 轴四种切面上解理缝的清晰程度；

(3) 就普通辉石和普通角闪石间四种相对有的切面上比较其解理的清晰程度。

2. 黑云母、普通角闪石各有几个主色？从实习中得出各矿物的颜色及深浅变化？

实习三　单偏光镜下的晶体光学性质

——观察矿物颜色、多色性及吸收性(2学时,验证性)

一、预习内容

矿物颜色、多色性和吸收性的原理。

二、目的要求

1. 观察矿物颜色、多色性和吸收性现象,并了解其成因;
2. 认识多色性现象及其明显程度。同一矿物不同方向切面,其多色性情况不一样。

三、实习内容

1. 观察矿物的颜色

薄片号:1900　黑云母

　　　　1310　普通角闪石、中长石

　　　　1203　斜长石、辉石和橄榄石

2. 观察矿物的多色性和吸收性

薄片号:1900　黑云母

　　　　1310　普通角闪石

四、实习提示

1. 橄榄石、辉石、普通角闪石和黑云母为暗色矿物;中长石和斜长石为浅色矿物。

2. 观察黑云母矿物的颜色、多色性和吸收性

(1) 将一组极完全解理的黑云母(∥010)切面置视域中心,旋转载物台并使得黑云母解理缝平行于下偏光镜振动方向(横丝),黑云母的颜色为深褐色;再旋转物台90°使解理缝垂直于下偏光镜振动方向,黑云母的颜色为浅黄色。

(2) 旋转载物台使得黑云母解理缝与下偏光镜振动方向斜交,观察其颜色及深浅变化,此时颜色及颜色深浅介于上述两种情况之间。

(3) 将无解理的黑云母(∥001的切面)置视域中心,旋转物台,观察其颜色及深浅变化。

综上:旋转载物台时,黑云母的颜色由深褐色变为浅黄色,这就是黑云母的多色性,并写出黑云母的多色性公式 $N_g=?$,$N_m=?$,$N_p=?$;黑云母颜色深浅随方向而异,这就是吸收性(表3-1)。

(注:在同一薄片中多选几颗黑云母观察,看其结果有何不同?)

3. 普通角闪石颜色、多色性和吸收性的观察方法(同上)。

五、课外作业

1. 黑云母、普通角闪石各有几个主色？从实习中得出各矿物的颜色及深浅变化。

六、思考题

1. 普通角闪石具有两组完全解理，为什么在岩石薄片中只见有一组解理，两组解理甚至未见解理？

表 3-1　黑云母和普通角闪石的多色性

薄片号	矿物	切面方向	多色性		多色性、吸收性公式	与 PP 间的关系
			颜色最深的位置	颜色最浅的位置		
1900	黑云母	平行(010)				
		平行(001)				
1310	角闪石	平行(010)				
		平行(001)				

实习四　单偏光镜下的晶体光学性质

——矿物边缘、贝克线、糙面及突起(2学时,验证性)

一、预习内容

矿物的边缘、贝克线、糙面及突起特征,闪突起现象。

二、目的要求

1. 进一步理解矿物边缘、贝克线、糙面、突起及闪突起的含义;
2. 根据矿物边缘、糙面和贝克线移动方向来区分突起等级;
3. 学会应用贝壳线移动规律确定相邻矿物折光率的相对大小及其突起正负;
4. 了解闪突起及折射率色散的特征。

三、实习内容

1. 观察矿物的边缘、贝克线、糙面及突起

薄片号:3210　石英、白云母和萤石

　　　　3460　普通角闪石

　　　　1103　橄榄石、单斜辉石

　　　　3480　石榴石

根据以上矿物边缘轮廓、糙面特征及突起高低,确定它们的突起等级和突起正负。

2. 观察矿物闪突起现象

薄片号:3140　方解石

　　　　3210　白云母

3. 用贝壳线、色散效应法比较相邻矿物折光率的高低

四、实习提示

1. 矿物的边缘、贝克线的观察

在单偏光镜下,从岩石薄片中找相邻两个折射率不同的物质接触处,置于视域中心,缩小缩光圈,在矿物边缘处可见到一条较黑暗的界限,即矿物的边缘;在边缘附近处还可见一条较明亮的细线,即贝克线。

2. 糙面的观察

在单偏光镜下,可观察到某些矿物表面像粗糙皮革一样,不光滑,呈麻点状的现象,即糙面。矿物与树胶折射率差值愈大,糙面愈显著,反之亦然。如石榴石、橄榄石、萤石的糙面显著;而石英糙面就不显著。

3. 突起等级的观察

(1) 根据矿物边缘、糙面的明显程度及突起高低,可将突起划分为六个等级,分别为负

高突起、负低突起、正低突起、正中突起、正高突起和正极高突起。

(2) 观察贝克线的注意事项

贝克线是矿物颗粒黑暗边缘附近的明亮细线，不仔细观察难于发现。在观察贝克线时要选择颗粒较清洁的边缘部分，将其移至视域中心，适当缩小锁光圈，微微提升镜筒或下降物台，这样贝克线会显得更清晰。

观察矿物与树胶之间的贝克线移动方向，可确定矿物突起正负；结合糙面、边缘的明显程度，可确定矿物突起等级。当观察石榴石贝克线时，在其边缘附近有时可能产生另一条亮线(假贝克线)，升降镜筒，其移动方向与贝克线相反，这时，换用较低倍的物镜(4×)，则可使之消除或减弱。

(3) 正突起与负突起的判断方法

① 以加拿大树胶($N=1.54$)为标准，分为正突起和负突起

正突起：矿物折射率＞加拿大树胶折射率；

负突起：矿物折射率＜加拿大树胶折射率。

② 利用贝克线来判断

正突起：提升镜筒，贝克线向矿物移动；

负突起：提升镜筒，贝克线向加拿大树胶移动。

③ 利用色散效应来判断

正突起：浅蓝色细线在矿物一边，橙黄色细线在加拿大树胶一边；

负突起：橙黄色细线在矿物一边，浅蓝色细线在加拿大树胶一边。

4. 闪突起的观察

在单偏光镜下，选择方解石具有两组解理的切片置于视域中心，当旋转载物台时，该矿物的边缘、糙面及突起高低随方向而发生变化。

当方解石 N_o 轴平行 PP 时，边缘和解理纹粗黑，糙面显著，正中突起；当方解石 N_e 轴平行 PP 时，边缘和解理纹不明显，糙面不显著，负低突起。因此，旋转载物台，矿物突起高低发生显著变化的现象称为闪突起，也是矿物各向异性在突起上的表现。

白云母具有一组极完全解理的切片，在单偏光镜下，旋转载物台，矿物突起高低也有显著变化的现象(图 4-1)。

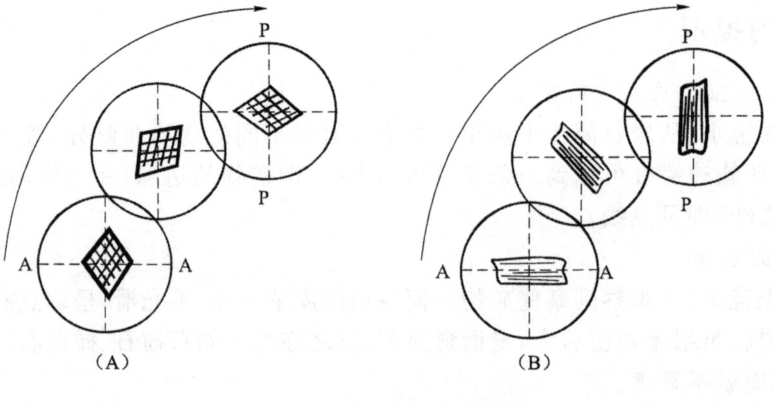

图 4-1 闪突起现象示意图

A—方解石闪突起；B—白云母闪突起

五、实习作业

1. 已知方解石的 N_o=1.658，N_e=1.486，问在平行 c 轴，垂直 c 轴和斜交 c 轴切面上，各自的闪突起程度如何？

2. 说明(3480)石榴石，(1103)橄榄石、单斜辉石，(3460)普通角闪石，(3210)石英、萤石的突起等级，并说明确定依据。

六、思考题

1. 石榴石突起等级为高正突起，其糙面显著。萤石为负高突起，为什么也有显著的糙面？

2. 为什么石英在薄片中边缘往往不是很清楚，而石榴石却常有较宽的黑边？

3. 方解石、白云母为什么有闪突起现象？什么情况下无闪突起现象？

表 4-1 矿物边缘、糙面、突起及贝克线移动情况

薄片号	矿物名称	边缘特征	糙面特征	贝克线			突起等级	相应的折射率值	绘图
				清楚程度	下降物台移动方向	上升物台移动方向			
3210	石英、萤石								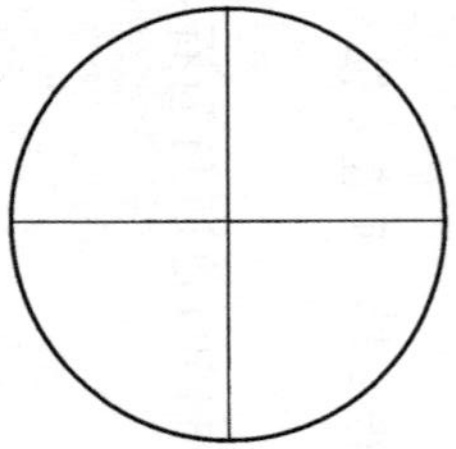
1103	橄榄石、单斜辉石								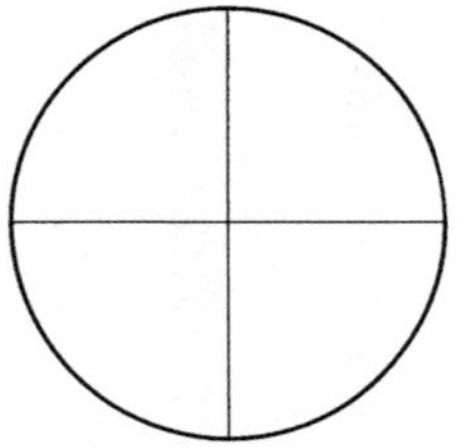
3460	普通角闪石								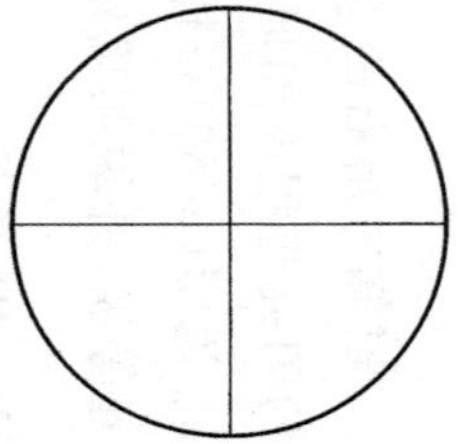

续表

薄片号	矿物名称	边缘特征	糙面特征	贝克线			突起等级	相应的折射率值	绘图
				清楚程度	下降物台移动方向	上升物台移动方向			
3480	石榴石								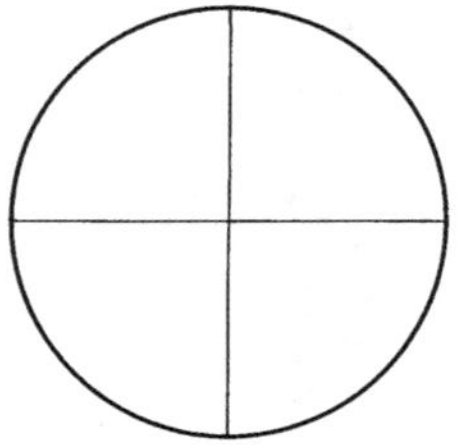

表 4-2　方解石和白云母的闪突起现象

矿物／观察结果	方解石（Cc）		白云母（Ms）	
绘图表示	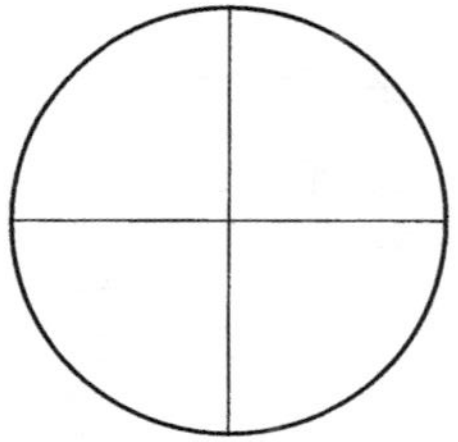	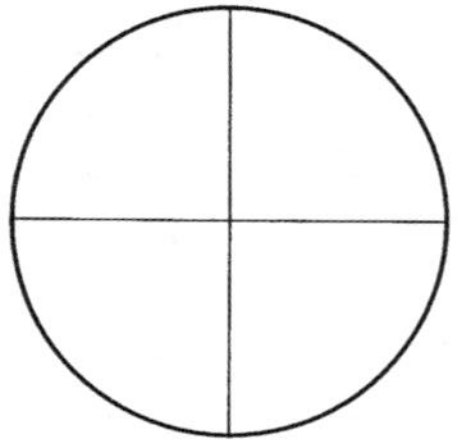	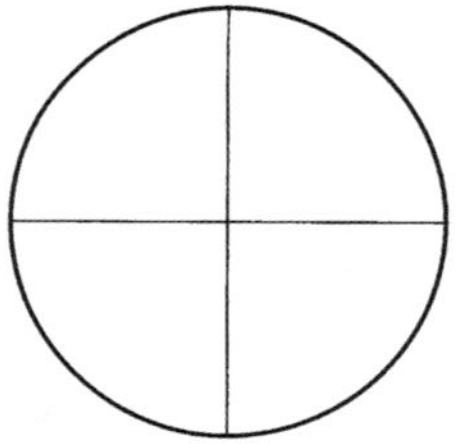	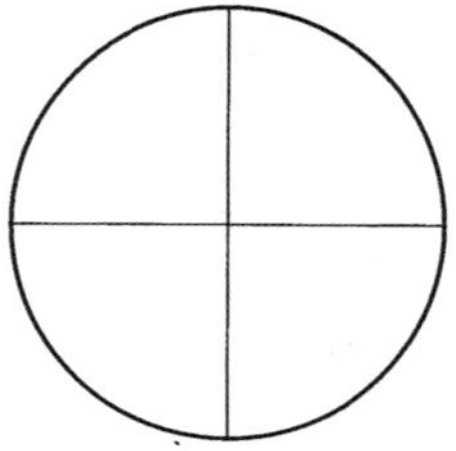
特征				

实习五　正交偏光镜下的晶体光学性质

——消光现象、消光位及双晶类型(2学时,验证性)

一、预习内容

正交偏光镜的检查与校正方法,消光原理及不同长石的双晶类型。

二、目的要求

1. 学会正交偏光镜的检查与校正方法;
2. 认识三种消光现象;
3. 理解消光位矿物切面长短半径与上、下偏光振动方向的关系;
4. 观察常见双晶类型。

三、实习内容

1. 检查上、下偏光镜振动方向是否正交,目镜十字丝是否与上、下偏光镜振动方向一致。

2. 矿物的三种消光现象(全消光、四明四暗和不消光)

薄片号:3210　萤石、白云母

3480　石榴石

1310　角闪石、斜长石

翡翠

3. 常见双晶类型(聚片双晶、卡氏双晶和格子双晶)

薄片号:1310　角闪石、斜长石

1413　正长石、微斜长石

四、实习提示

1. 正交偏光镜的检查与校正方法

(1) 确定下偏光镜的振动方向

在(1900)岩石薄片中选择一组平行(010)极完全解理的黑云母切片,并在单偏光镜装置下,置视域中心,旋转载物台使黑云母解理缝与十字丝横丝平行,此时黑云母颜色最深(或深褐色),则十字丝横丝为下偏光镜的振动方向;否则需转动下偏光镜,直到黑云母颜色最深为止。

(2) 确定上偏光镜的振动方向

当下偏光镜的振动方向为东西向,轻推入上偏光镜,若视域黑暗,则上偏光镜的振动方向为南北向;若视域明亮,则旋转上偏光镜的振动方向旋钮,直到视域黑暗为止,即上、下偏光镜振动方向已正交。

(3) 检查上、下偏光镜振动方向是否与目镜十字丝平行

在薄片中选一个具极完全解理的黑云母切面，置视域中心，转动物台，使黑云母解理缝与十字丝之一平行，推入上偏光镜，若黑云母变黑暗，说明目镜十字丝与上、下偏光镜振动方向一致。如果不全黑，转动物台使黑暗，推出上偏光镜，转动目镜十字丝之一与黑云母解理缝平行，此时，目镜十字丝即与上、下偏光镜振动方向一致。

2. 矿物的三种消光现象(见表 5-1)

(1) 在正交偏光镜下，物台上放置均质体或非均质体垂直光轴的矿片时，视域变黑，旋转载物台一周过程中，矿片的消光现象不改变，故称为全消光现象；

(2) 在正交偏光镜下，物台上放置非均质体除垂直光轴以外的其他方向矿片，这类光率体切面为椭圆切面，旋转物台一周过程中，矿片上的光率体椭圆半径与上、下偏光镜的振动方向(PP、AA)有四次平行的机会，故矿片出现四次消光现象；

(3) 在正交偏光镜下，物台上放置矿物集合体，这类矿物不消光现象。

表 5-1　矿物的三种消光现象

矿物 / 结果	萤石	白云母	翡翠
绘图表示	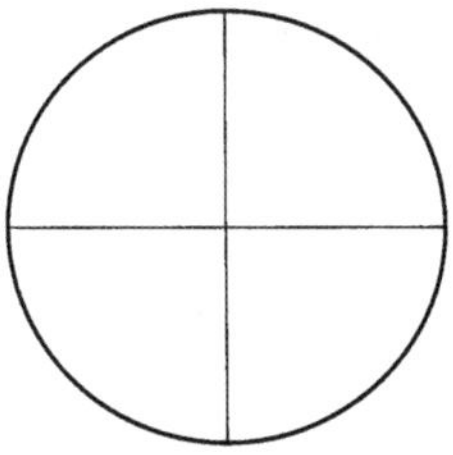	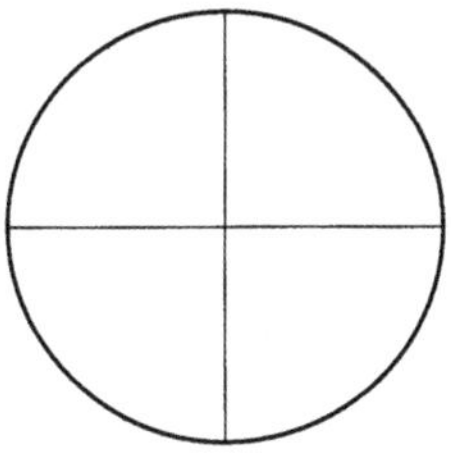	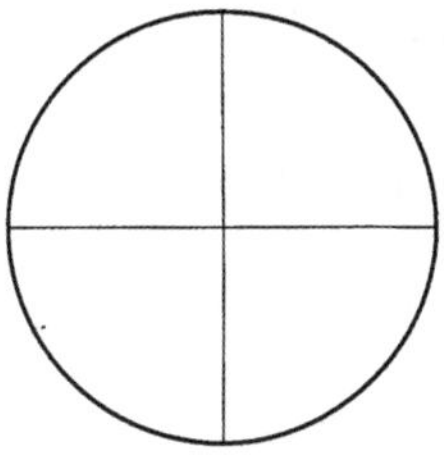
消光现象			

3. 消光位的确定

非均质体除垂直光轴切面以外的任何方向切面，在正交偏光镜下处于消光的位置，称为消光位。当矿片处于消光位时，其光率体椭圆半径与上、下镜的振动方向一致，据此可以确定矿片光率体椭圆半径的位置。

如何准确确定是否达到消光位至关重要，其方法如下：

(1) 置矿物切片于视域中心，旋转载物台使之消光，即达最暗位置；

(2) 插入石膏板，如果矿片一级红干涉色，即达消光位，否则要稍转物台，至矿片一级红干涉色方可。

4. 观察常见双晶类型(见表 5-2)

根据矿物双晶单体的数目，把双晶划分为两种类型。

(1) 简单双晶

双晶仅由两个单体组成。在正交下，表现为一个单体消光，另一个单体明亮，旋转物台双晶的两个单体明暗互相更换。

(2) 复式双晶

由两个以上的双晶单体组成，根据双晶结合面的相互关系可分为：聚片双晶、复合双晶、联合双晶等。

聚片双晶：双晶结合面彼此平行，在正交下呈聚片状，旋转载物台时，奇数和偶数单体轮换消光，呈明暗相间的条带；

复合双晶：两种以上不同双晶率的双晶类型同时存在的双晶，如斜长石中卡纳复合双晶、微斜长石中的格子双晶等；

联合双晶：双晶结合面不平行，按照双晶单体数目可分为三连晶、四连晶、六连晶。

表 5-2 常见双晶类型

矿物 结果	斜长石	微斜长石	正长石
绘图表示	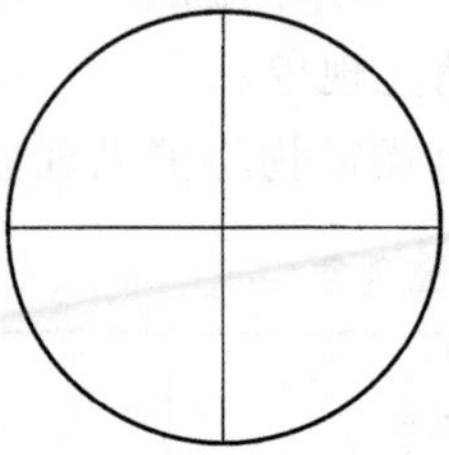	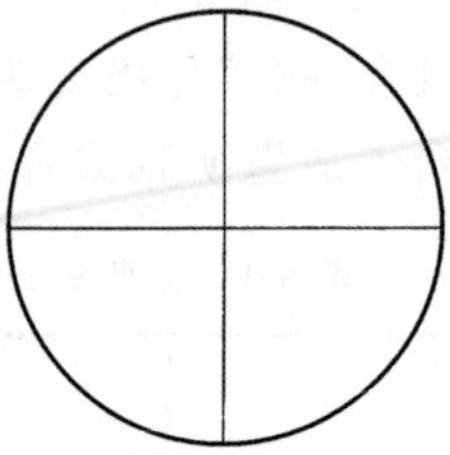	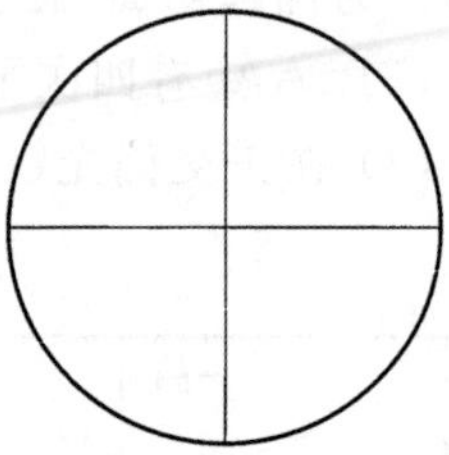
双晶类型			

五、实习作业

1. 角闪石是单斜晶系的矿物，以哪种消光类型为主？斜方晶系的矿物，应以哪种消光类型为主？

六、思考题

1. 在正交下，全消光的矿物都为均质体吗？为什么？

实习六　正交偏光镜下的晶体光学性质

——消光类型、干涉色、消光角及双折射率的测定
（2 学时，验证性）

一、预习内容

薄片中矿物双折射率的测量方法，消光类型、干涉色及消光角的测定。

二、目的要求

1. 认识三种消光类型；
2. 熟悉消光角和双折射率的测定方法；
3. 掌握三种试板的干涉色特征。

三、实习内容

1. 观察矿物的消光类型（平行消光、对称消光和斜消光）

薄片号：3111　红柱石
　　　　3210　白云母
　　　　1900　黑云母
　　　　3460　普通角闪石

2. 普通角闪石平行(010)切片上的消光角测定；
3. 分别观察云母、石膏试板的干涉色，熟悉石英楔各级干涉色及其特征；
4. 利用石英楔，测定(3210)中白云母的双折射率。

四、实习提示

1. 观察红柱石的平行消光

(1) 在单偏光镜下，选一个红柱石的纵切面颗粒（//Z 轴的切面，呈柱状）置于视域中心，该切面上可见平行柱面的解理；

(2) 轻推入上偏光镜，旋转载物台使该矿物处于消光位，此时红柱石的解理缝与目镜十字丝之一平行，说明红柱石为平行消光。

2. 观察白云母、黑云母的平行消光

(1) 在单偏光镜下，选具有一组平行(010)极完全解理的白云母或黑云母切面颗粒置于视域中心；

(2) 轻推入上偏光镜，旋转载物台使该矿物处于消光位，此时白云母或黑云母的解理缝与目镜十字丝之一平行，说明白云母或黑云母为平行消光。

3. 观察普通角闪石⊥Z 轴切面的对称消光

(1) 在单偏光镜下，找到一个具有两组解理的角闪石切片，置于视域中心；

(2) 轻推入上偏光镜,旋转载物台至消光位,可观察到十字丝平分两组解理缝夹角,即对称消光。

4. 观察普通角闪石平行(010)切面的斜消光并测定其消光角

(1) 选择平行(010)的切面,该切面的特点是:一组解理清晰,多色性明显,干涉色最高;

(2) 将选定薄片置于视域中心,并旋转载物台使解理缝或双晶缝与目镜十字丝纵丝平行,记下载物台的读数 a;

(3) 旋转载物台使普通角闪石至消光位,此时矿片上光率体椭圆长短半径与目镜十字丝一致,记下载物台的读数 b,两次读数的差值 $\alpha=|a-b|$,即该矿物的消光角;

(4) 记录方式:结合结晶要素,正确表示消光角,如普通角闪石平行(010)切面具有最高干涉色,因此该矿物切面上光率体椭圆长短半径方向分别是 N_g、N_p,又由于角闪石的解理面平行(010)在平行 Z 轴的切面上,即解理缝代表 Z 轴方向,即所测夹角为 $N_g \wedge Z$ 和 $N_p \wedge Z$。消光角可写成 $N_g \wedge Z=25°$或 $N_p \wedge Z=70°$。

5. 干涉色的观察

(1) 分别观察云母试板($R=\lambda/4$)、石膏试板($R=\lambda$)的干涉色

在正交偏光镜下,载物台上不放矿片,将云母、石膏试板分别慢慢插入试板孔,观察它们的干涉色特征。

(2) 观察石英楔的干涉色级序,熟悉各级干涉色及其特征

① 在正交下,从试板孔缓慢插入石英楔(载物台上不放薄片),随着厚度的增加,其光程差由零开始连续地增大,视域中可见 1～3 级干涉色顺序的变化;

② 干涉色向光程差增大的方向逐渐升高,且每级干涉色最后一个色序为红色;

③ 矿物的干涉色可划分为 4～5 个级序,分别是:

第一级　暗灰—灰白—浅黄—橙—紫红

第二级　蓝—蓝绿—绿—黄—紫红

第三级　蓝—绿—黄—橙—红

第四级　粉红—浅绿—浅橙

6. 矿物双折射率的测定

用石英楔测定(3210)中白云母的干涉色级序,所测定的白云母颗粒具有最高干涉色,矿片厚度为标准厚度 0.03mm,故在干涉色色谱表上可查出白云母的双折率。

五、实习作业

1. 绘图表示三种不同的消光类型;

2. 绘图表示石英楔的一至三级的干涉色级序。

六、思考题

1. 石英在薄片厚度为 0.03mm 中,最高干涉为一级亮白,而在石英楔试板中干涉色为什么可达到三、四级?

2. 测消光角,选择哪种切面?哪些矿物需要测定其消光角?

3. 非均质体矿物(除⊥OA 外)的任意切面,在正交下为什么呈现四明四暗现象?

表 6-1　矿物三种消光类型

矿物 / 观察结果	红柱石（And）	普通角闪石（Am）[//(010)切面、//(100)切面、//(001)切面]		
绘图表示	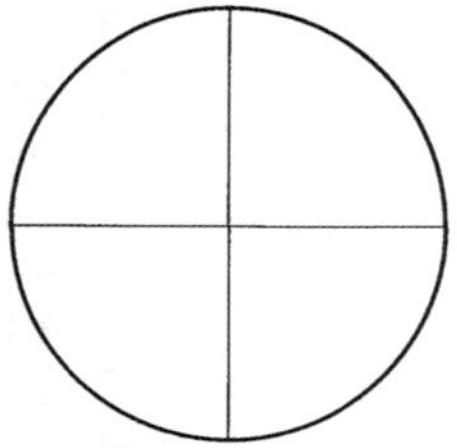	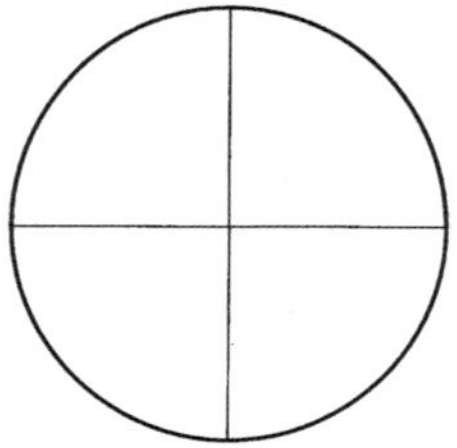	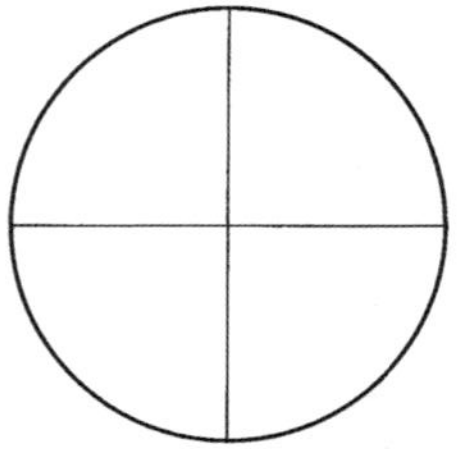	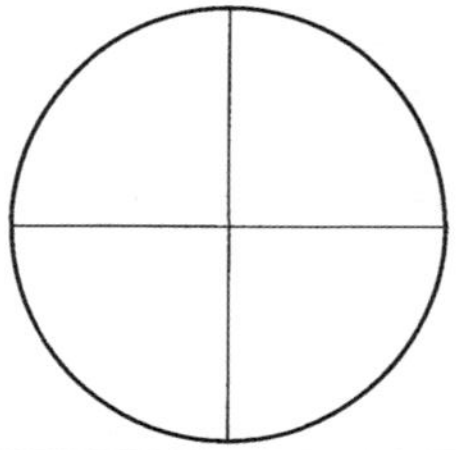
消光类型				

画图表示消光角测定步骤：

消光角的表示方法：

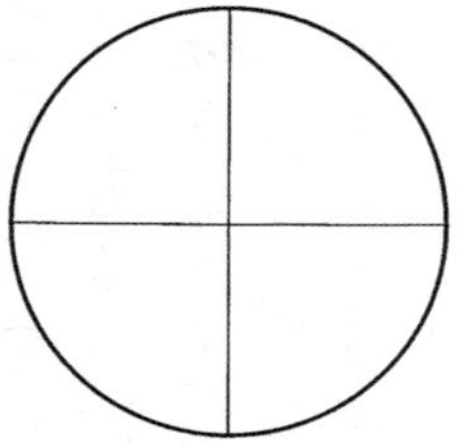

a

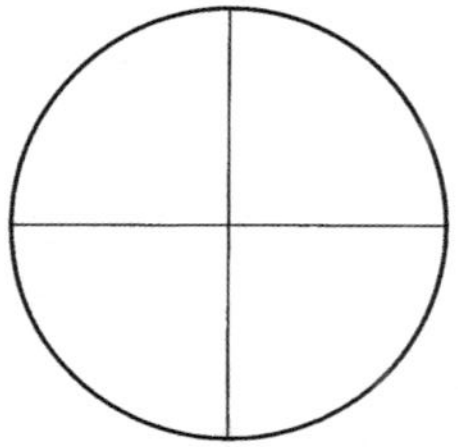

b

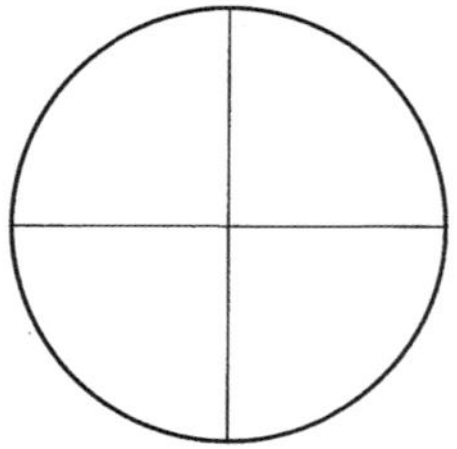

c

表 6-2　石英楔各级干涉色特征

石英楔各级干涉色				
色谱				
光程差范围(nm)	一级 0～550	二级 550～1100	三级 1100～1650	四级 1650 以上
干涉色级序				
特征				

实习七　正交偏光镜下的晶体光学性质

——干涉色级序、干涉色升降判断及光率体半径方向和名称的测定(2 学时，验证性)

一、预习内容

消光、消色、干涉现象的原理，干涉色级序的基本特征，补色法则的原理。

二、目的要求

1. 学会正交偏光镜的检查与校正方法；
2. 认识正交下矿物的消光与干涉现象；
3. 认识 1～3 级干涉色级序的特征；
4. 掌握测定其光率体椭圆半径方向及名称的操作方法。

三、实习内容

1. 检查上、下偏光镜的振动方向是否正交，目镜十字丝是否与上、下偏光镜振动方向一致。若上、下偏光镜的振动方向不正交，则需要校正；

2. 观察(3140)方解石的高级白干涉色特征；

3. 利用楔形边法，判断(1106)橄榄石的干涉色级序；

4. 在正交下，使用石膏、云母试板观察(3210)白云母矿物干涉色的升降变化，分别测定白云母的光率体椭圆长短半径的方向及名称。

四、实习提示

1. 检查偏光显微镜的正交装置

(1) 检查下偏光镜振动方向与目镜十字丝横丝是否一致

① 在单偏光镜下，从岩石薄片(1306、1900)中找一个具有平行(010)一组极完全解理的黑云母置视域中心，旋转载物台，当黑云母颜色最深时解理缝与目镜十字丝东西横丝平行，即表明下偏光镜振动方向为东西向；

② 若黑云母颜色最深时，解理缝方向既不是东西向又不是南北方向，则应转动下偏光镜，使黑云母解理缝指向东西向时最黑，即已调好，不宜再动。

(2) 检查上、下偏光镜振动方向是否正交

① 装上 10×倍物镜，调节照明使视域最亮；

② 轻推入上偏光镜，视域完全黑暗，表明上、下偏光镜振动方向正交；若视域不黑暗，则表明上、下偏光镜振动方向不正交，那么需转动上偏光镜至视域最暗为止。

注：下偏光镜振动方向已调整至东西向与目镜十字丝横丝平行，不宜再动。

2. 观察(3140)方解石、白云石的高级白干涉色

高级白干涉色往往是混合的灰白色，或各色混杂，形成一种与珍珠表面色彩相近的亮白色，但要确定为高级白干涉色应作如下操作。

(1) 在单偏光镜下，将方解石或白云石颗粒置于视域中心；

(2) 轻推入上偏光镜，旋转载物台使方解石或白云石处于消光位，然后继续旋转载物台至45°，观察干涉色特征；

(3) 插入云母板或石膏板，干涉色无明显变化，即为高级白干涉色。

3. 利用楔形边法，判断橄榄石的干涉色级序

(1) 在岩石薄片中，选择具有楔形边(1106)橄榄石矿物颗粒，其边缘较薄，向中央逐渐增厚；

(2) 若矿物边缘最外圈为一级灰白干涉色，干涉色级序向中央逐渐升高，并构成细小的干涉色色圈或不连续的干涉色细条带。其中经过一条红色色圈或色带，则橄榄石中心部位的干涉色为二级；经过 n 条红色色圈或色带，则可确定其中心部位的干涉色为 $n+1$ 级；

(3) 若矿片边缘最外圈不是从一级灰白开始，则不能应用这种方法判断干涉色级序。

4. 使用云母、石膏试板，观察(3210)白云母矿物干涉色的升降变化，分别测定白云母的光率体椭圆长短半径的方向及名称

(1) 在正交下，将具有一组平行(010)极完全解理的白云母置于视域中心，旋转载物台使其处于消光位，此时该切面光率体椭圆长短半径分别与上、下偏光镜的振动方向一致；

(2) 继续旋转载物台至45°，干涉色最高，光率体椭圆长短半径与目镜十字丝成45°；

(3) 将云母、石膏试板分别插入试板孔，观察干涉色的升降变化；

(4) 根据补色法则，若干涉色升高，则同名半径平行；若干涉色降低，则异名半径平行，即可确定白云母光率体椭圆长短半径的方向和名称。

五、实习作业

1. 观察(3140)方解石的高级白干涉色，在矿片45°位置，插入石膏试板，云母试板后，观察干涉色是否变化；

2. 使用云母、石膏试板，观察(3210)白云母矿物干涉色的升降变化；

3. 用云母试板，测定具有一组平行(010)极完全解理的(3210)白云母光率体椭圆长短半径的方向和名称；

4. 应用楔形边法，判断(1106)橄榄石的干涉色级序，并总结每级序干涉色特征及识别经验；

5. 利用石英楔测定橄榄石干涉色级序。

六、思考题

1. 在正交下，全消光的矿物都为均质体吗？为什么？

2. 消光类型有哪几种？

3. 石英在薄片厚度为0.03mm中，最高干涉为一级亮白，而在石英楔试板中干涉色为什么可达到三、四级？

4. 非均质体矿物(除 $\perp OA$ 外)的任意切面，在正交下为什么呈现四明四暗现象？

5. 消色和消光在本质上有什么差别？

表 7-1 干涉色级序确定及光率体半径方向和名称的测定

薄片号	矿物名称	颜色	干涉色级序	光率体椭圆长短半径位置及名称		试板	干涉色		延性符号	消光角
				干涉色降低	干涉色升高		降低	升高		
3111	红柱石			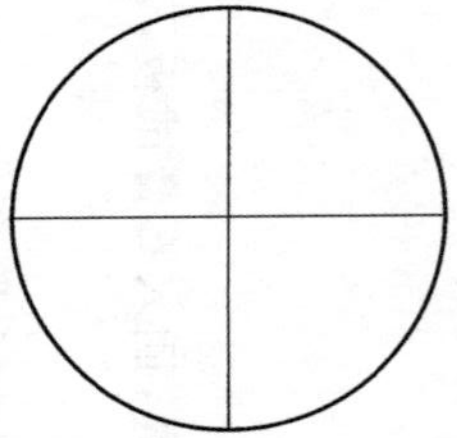	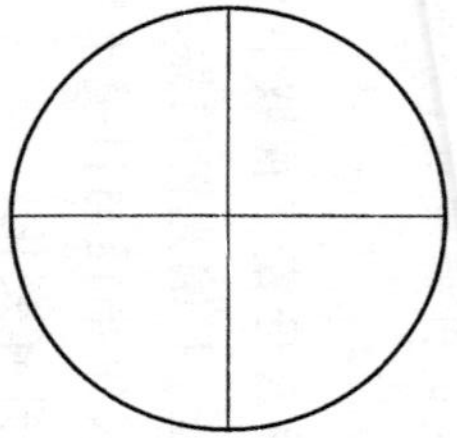					
3210	白云母			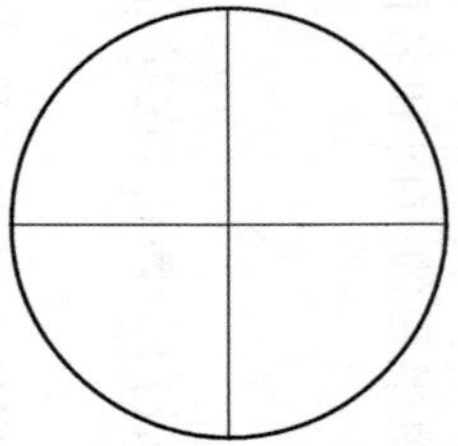	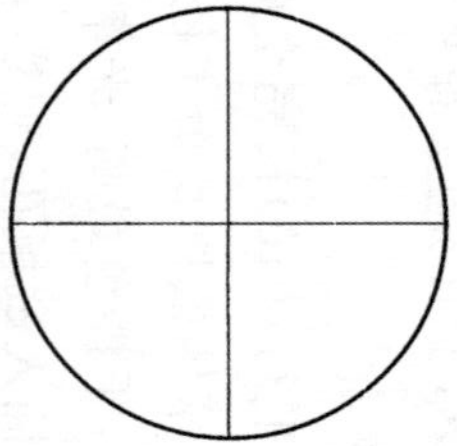					
1900	黑云母			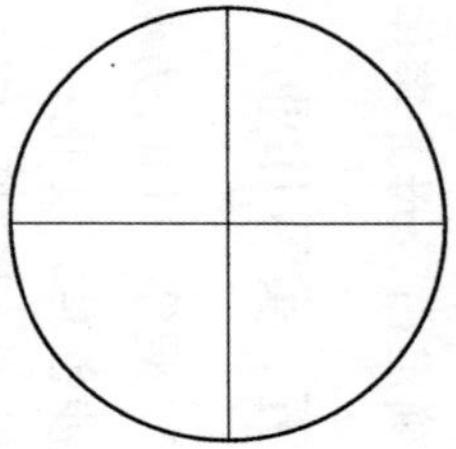	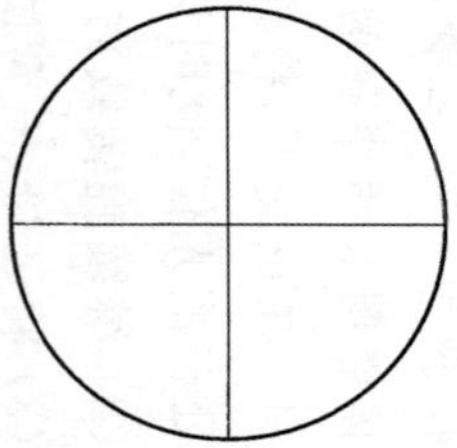					

续表

薄片号	矿物名称	颜色	干涉色级序	光率体椭圆长短半径位置及名称		试板	干涉色		延性符号	消光角
				干涉色降低	干涉色升高		降低	升高		
1310	普通角闪石			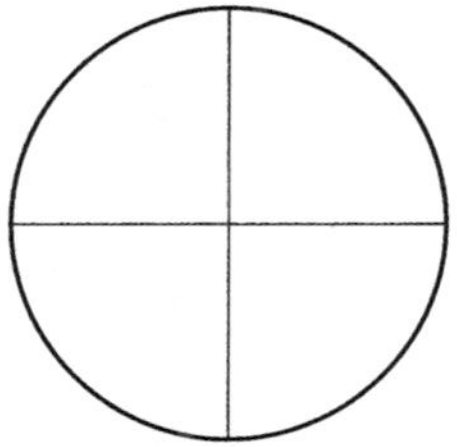	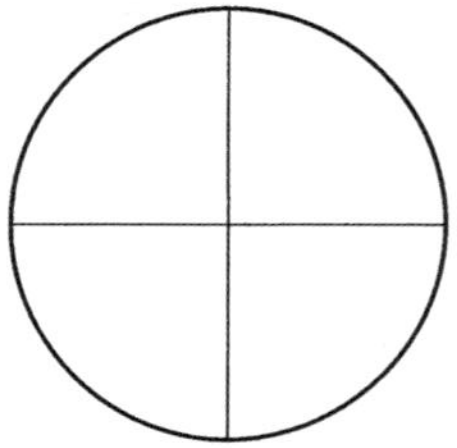					

画图表示消光角测定步骤：

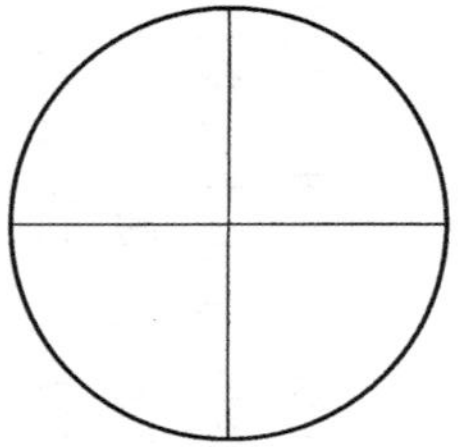

a

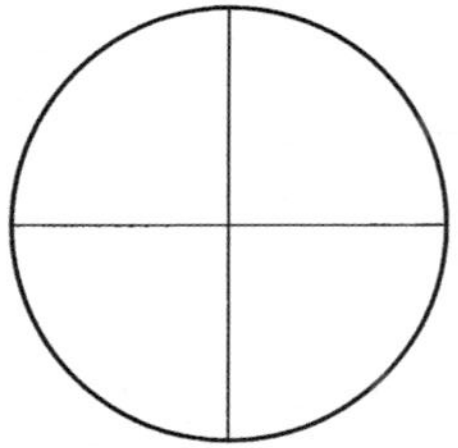

b

绘出常见的双晶类型：

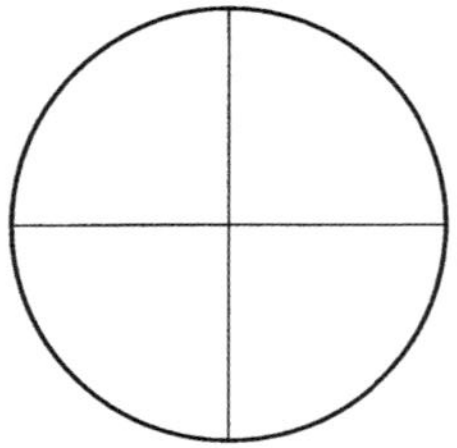

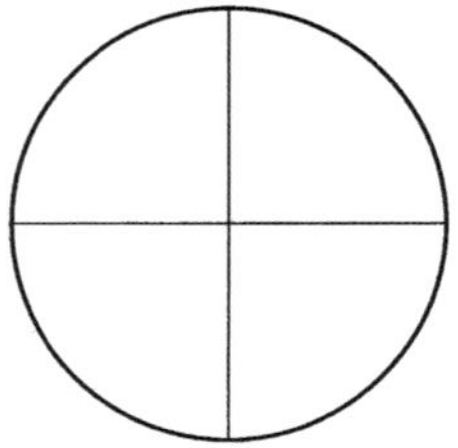

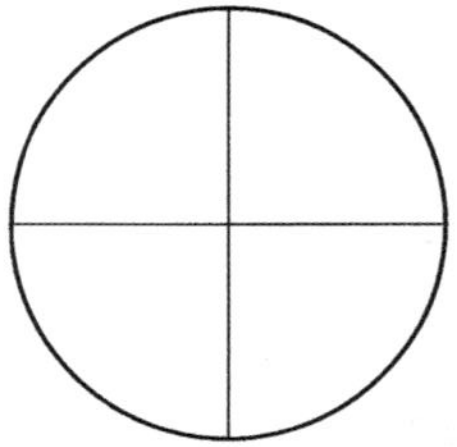

消光角的表示方法：

表 7-2 利用楔形边法，判断橄榄石的干涉色级序

薄片号	矿物名称	颜色	形态	突起等级	干涉色及级序	各级顶部红色圈圈数	绘图
							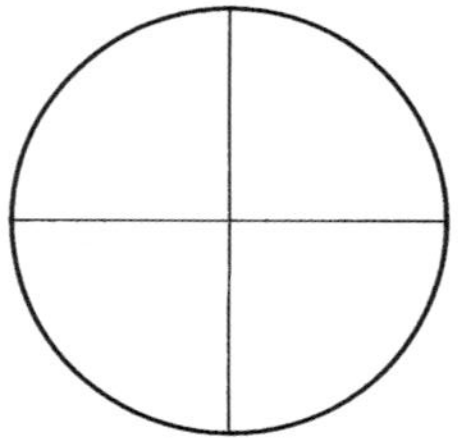

实习八　锥光镜下的晶体光学性质观察

——一轴晶干涉图(2学时,验证性)

一、预习内容

锥光镜的装置及光学特点、一轴晶干涉图的形成原理。

二、目的要求

1. 熟悉锥光镜的装置,了解其光学特点;
2. 认识一轴晶不同切面类型(垂直光轴、斜交光轴、平行光轴)干涉图的图像特点;
3. 学会利用一轴晶垂直于光轴切面和斜交光轴切面干涉图,测定光性符号。

三、实习内容

1. 锥光镜下观察的操作程序;

2. 观察岩石薄片(48号)石英垂直光轴(⊥*OA*)切面、(49号)方解石垂直光轴(⊥*OA*)切面的干涉图特点,并分别用石膏、云母试板测定其光性符号;

3. 观察(3210)石英斜交光轴切面、平行光轴切面的干涉图特点,并测定其光性符号。

四、实习提示

1. 锥光装置、观察的操作程序

(1) 在正交偏光镜装置基础之上,加上聚光镜、换用高倍物镜、再推入勃氏镜(或不推入勃氏镜而去掉目镜)就构成了锥光装置;

(2) 首先,在单偏光镜下用中倍(10×)或低倍(4×)物镜在岩石薄片中找好欲观察矿物,置于视域中心;(注:盖薄片应朝上)

(3) 把聚光镜升到最高位置,切忌顶起薄片;

(4) 换用高倍物镜,并小心聚焦;(注:工作距离短,极易损坏镜头和压碎薄片)

(5) 推入上偏光镜及勃氏镜,即可观察到干涉图。

2. 观察石英垂直光轴(⊥*OA*)或斜交光轴切面干涉图特点,并分别使用石膏、云母试板测定光性符号

(1) 在中倍(10×)或低倍(4×)物镜下找出石英垂直光轴或斜交光轴的切面,该切面的特点:正交镜下干涉色为一级灰或深灰,旋转物台变化不大;

(2) 换上高倍物镜校正中心,然后加上聚光镜和勃氏镜,即可观察到干涉图;

(3) 干涉图图像特点:由黑十字组成,黑十字中心为光轴出露点,位于视域中心,将视域分成四个象限,靠中心黑臂较窄,越向外越宽,转动载物台黑十字形态不发生变化;

(4) 区分象限后,分别加入石膏、云母试板,判断各象限干涉色的升降,结合试板的光率

体位置，确定出石英的光性符号。

3. 观察方解石垂直光轴（⊥OA）切面干涉图特点，并使用云母试板测定光性符号

(1)、(2)步同上；

(3) 干涉图图像特点：由黑十字组成，内窄外宽、中心为光轴出露点，其交点位于视域中心，并将视域分成四个象限。干涉色色圈以光轴出露点为中心，其级序向外逐渐升高，越外色圈越密，转动载物台黑十字形态和干涉色色圈不发生变化。

五、实习作业

1. 绘图说明一轴晶垂直光轴切片的干涉图特点以及测定矿物光性正负的依据。

六、思考题

1. 一轴晶垂直光轴切片、斜交光轴切片干涉图的特点有哪些？

表 8-1 锥光镜下一轴晶干涉图的观察结果

观察结果 切面方向	绘图表示	干涉图特点	光性符号
石英垂直光轴切面	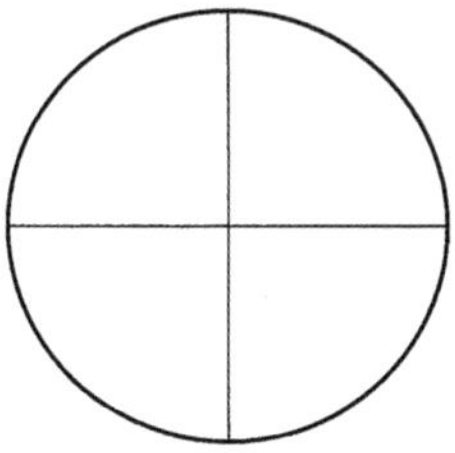		
石英斜交光轴切面	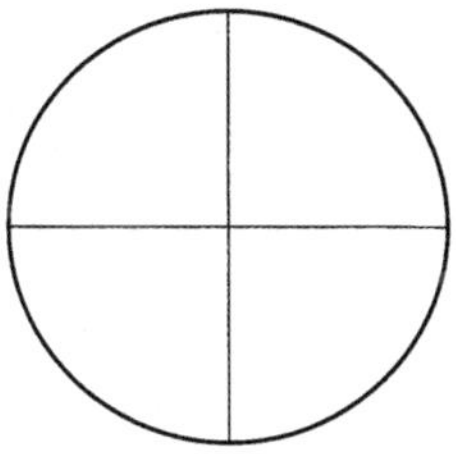		
方解石垂直光轴切面	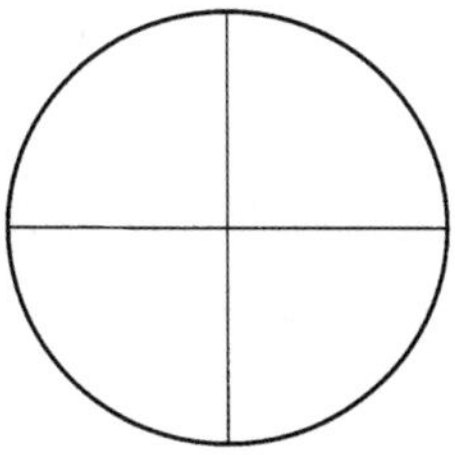		

实习九　锥光镜下的晶体光学性质观察

——二轴晶干涉图(2学时,验证性)

一、预习内容

二轴晶干涉图的形成原理。

二、目的要求

1. 认识二轴晶主要类型干涉图的图像特点;
2. 学会用二轴晶垂直于 Bxa 切面和垂直于光轴的切面干涉图确定光性符号的方法;
3. 学会利用垂直光轴切面干涉图估计光轴角的方法。

三、实习内容

1. 观察(50号)白云母垂直 Bxa 切面干涉图的图像特点,分别用石膏、云母试板测定其光性符号,并估计 $2V$ 大小;

2. 观察(1106、1201)辉石垂直一个光轴切面干涉图的特征,测定光性符号正负,并估计 $2V$ 大小。

四、实习提示

1. 观察白云母垂直 Bxa 切面干涉图的图像特点,分别用石膏、云母试板测定其光性符号,并估计 $2V$ 大小。

提示:图像特点

(1) 0° 位置:当光轴面与上下偏光镜振动方向之一平行时,干涉图由黑十字和"∞"干涉色圈组成。黑十字交点为 Bxa 出露点,组成黑十字的两条黑带粗细不等。

(2) 45°位置:转动物台,黑十字从中心分裂成两个弯曲的黑带。当光轴面与上下偏光镜振动方向成45°夹角时,黑带弯曲度最大,成双曲线对称出现。黑带弯曲顶点为光轴出露点,两光轴出露点的连线是光轴面迹线方向,垂直光轴面迹线的方向为 N_m 方向。

垂直 Bxa 切面干涉图处于45°位置时,根据两个光轴(OA)出露点之间距离大小,表示光轴角的相对大小。

若两个光轴(OA)出露点在视域内,则 $2V<45°$;

若两个光轴(OA)出露点在视域外,则 $2V>45°$。

(3) 90°位置:干涉图与0°位置时的干涉图相似,仅黑带和干涉色色圈的位置同时转动了90°。

提示:确定二轴晶光性符号正负要领

① $N_g>N_m>N_p$;

② 光轴面法线方向永远是 N_m；

③ $Bxa=N_g$，为二轴晶正光性；$Bxa=N_p$，为二轴负光性。

2. 观察辉石垂直一个光轴切面干涉图的特征，测定光性符号正负，并估计 $2V$ 大小。

提示：图像特点

(1) 二轴晶垂直一个光轴切面干涉图相当垂直 Bxa 干涉图图像的一半，光轴出露点位于视域中心，围绕光轴出露点有卵形干涉色色圈。

(2) 确定垂直一个光轴切面干涉图的光性符号正负，可把垂直光轴干涉图当成垂直 Bxa 干涉图图像的一半，在 45°位置时，视域内弯曲黑带的凸方向指向 Bxa 出露点，加入试板，根据补色法则可确定光率体椭圆半径的分布，确定 Bxa 为 N_g 还是 N_p，从而可确定矿物晶体的光性符号的正负。

(3) 估计光轴角 $2V$ 的大小

在二轴晶垂直光轴切面干涉图中，当光轴面在 45°位置时，可根据黑带的弯曲程度估计光轴角 $2V$ 的大小。光轴角越大，黑带弯曲度越小；光轴角越小，黑带弯曲度越大。当光轴角为 90°时(镁橄榄石)，黑带为一直带；当光轴角为零时，两个光轴出露点重合，故两个弯曲黑带成直角而构成黑十字。

3. 斜交光轴切面干涉图

提示：图像特点

(1) 不垂直 Bxa：相当于垂直 Bxa 切面干涉图的一部分。

(2) 不垂直光轴：在 45°位置时，弯曲黑带顶点不在视域中心。

4. 垂直 Bxo 切面干涉图

提示：图像特点

(1) 光轴面与上、下偏光镜振动方向之一平行时，为一个粗大黑十字，黑十字交点为 Bxo 出露点，光轴出露点在视域之外，黑十字的四个象限仅出现一级灰干涉色。

(2) 光轴面与上、下偏光镜振动方向成 45°夹角时，弯曲黑带间距离最远，其顶点仍为光轴出露点，都在视域之外。

5. 平行光轴面切面干涉图

提示：图像特点

与一轴晶平行光轴切面的干涉图相似，正交偏光镜下干涉色最高。

五、实习作业

1. 绘图说明二轴晶垂直锐角等分线 Bxa 切片、垂直 OA 切片干涉图特点以及测定光性正负的依据。

六、思考题

1. 二轴晶垂直锐角等分线，垂直 OA 切片干涉图的特点有哪些？

2. 二轴晶斜交光轴切面干涉图与一轴晶斜交光轴切面干涉图如何区别？

3. 二轴晶斜交光轴切面干涉图与一轴晶斜交光轴切面干涉图如何区别？

表 9-1 锥光镜下二轴晶干涉图的观察结果

观察结果 切面方位	绘图表示	干涉图特点	光性符号	2V 大小
白云母垂直于 *Bxa* 切面	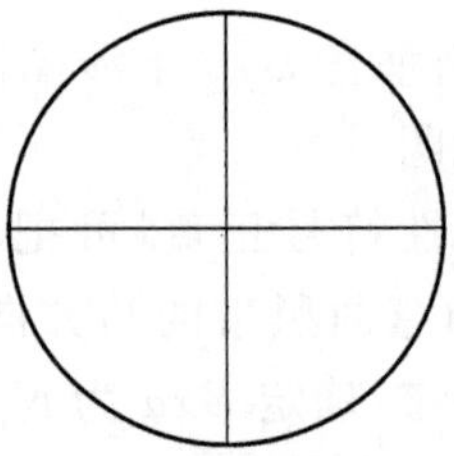 0°位置			
	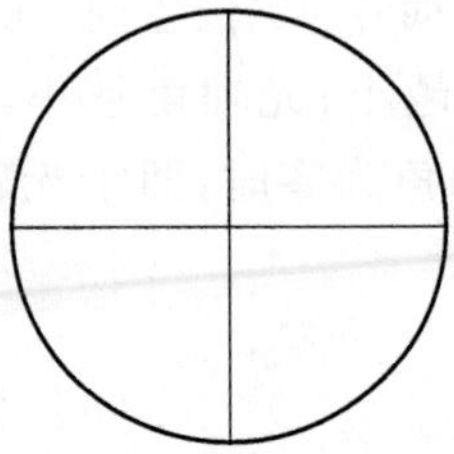 45°位置			

实习十　透明矿物的系统鉴定

——综合性实习(2学时,综合性)

一、预习内容

全面复习单偏光镜下、正交偏光镜下、锥光镜下鉴定的内容。

二、目的要求

1. 全面复习晶体光学的基本理论和显微镜的操作方法;
2. 学会透明矿物的系统鉴定程序和方法。

三、实习内容

全面总结晶体光学的基本知识和方法,观察鉴定未知透明矿物,并写出单偏光镜下矿物的光学特征、正交偏光镜下矿物的光性特征,锥光镜下矿物的光性特征,并确定矿物名称。

四、实习提示

1. 透明矿物薄片系统鉴定的内容

(1) 单偏光镜下观察的内容

① 矿物的外表特征:形态、解理;

② 矿物对光波吸收强弱有关的光学性质:颜色、多色性、吸收性;

③ 相邻两矿物相对折射率值相对大小的有关光学性质:矿物的边缘、贝克线、糙面、突起。

(2) 正交偏光镜下观察的内容

矿物的消光现象、消光类型、双晶、干涉色、消光角、延性符号的测定。

(3) 锥光镜下观察的内容

① 根据有无干涉图,区分均质体矿物和非均质体矿物;

② 根据干涉图的特征,确定矿物是一轴晶或二轴晶,以及切面方向;

③ 测定光性符号、光轴角大小。

2. 透明矿物薄片系统鉴定的程序

首先,在岩石薄片中,区分均质体和非均质体矿物。均质体矿物各个方向切面,在正交下均为全消光,锥光下无干涉图;非均质体矿物,只有垂直光轴切面在正交下全消光,其他方向切面在正交偏光镜下出现四明四暗现象,在锥光下显示各种类型的干涉图。

(1) 均质体的鉴定程序

在单偏光镜下观察形态、解理、颜色及突起等级。

(2) 非均质体的鉴定程序

① 在单偏光镜下观察:形态、解理、颜色、多色性、吸收性、矿物的边缘、贝克线、糙面、突起等级,并测定解理夹角。

② 在正交偏光镜下观察:消光现象、消光类型、双晶类型、干涉色级序及延性符号等。

③ 选择一个垂直光轴的切面,在锥光镜下,根据干涉图特征,确定矿物的轴性,测定光性符号。若为二轴晶,估计 2V 大小。如果在岩石薄片中,找不到垂直光轴的切面,可选这个光轴倾角较小的斜交光轴切面,测定上述光学性质。

④ 选择一个平行光轴或平行光轴面的切面,在正交偏光镜下测定最高干涉色级序及最大双折射率值。若为有色矿物,观察多色性明显程度、吸收性及闪突起现象。斜消光切面可测定最大消光角。

3. 熟悉矿物检索表的用法,并根据所测定光性特征,定出未知矿物名称。

五、思考题

1. 矿物垂直光轴切面,在单偏光镜下有何特征?该切面上能观察哪些光性特征?
2. 测定角闪石的多色性及吸收性公式的步骤。
3. 系统鉴定一种未知矿物。

实习十一　光性矿物(一)

——橄榄石类、辉石类、角闪石类、云母类(2学时,综合性)

一、预习内容

暗色矿物的光性特征及其光性方位图。

二、目的要求

1. 掌握层状构造硅酸盐矿物:主要是云母类矿物的的镜下鉴定;
2. 掌握链状构造硅酸盐矿物:主要是角闪石、辉石矿物的镜下鉴定;
3. 掌握岛状构造硅酸盐矿物:主要是橄榄石的镜下鉴定。

三、实习内容

1. 写出(1900、3210)云母类矿物的光性特征及其鉴定特征;
2. 写出(1310、1107)角闪石、辉石的光性特征及其鉴定特征;
3. 写出(1106、1101)橄榄石的光性特征及其鉴定特征。

四、实习提示

1. 云母族矿物的特点

(1) 黑云母

① 晶体呈假六方柱或假六方板状,具有一组极完全解理,正突起中等,糙面显著。薄片中黑云母为褐色或绿色,多色性、吸收性极强;

② 褐色的黑云母在 N_g、N_m 方向为深褐色或红褐色,N_p 方向为黄色;绿色的黑云母在 N_g、N_p 方向为草绿色,N_p 为淡黄色。吸收性公式为 $N_g \geqslant N_m > N_p$;

③ 平行消光,最高干涉色可达三级红色,通常干涉色被其本身颜色所掩盖,显得暗淡。二轴晶负光性。

(2) 白云母

① 薄片中无色,片状,一组极完全解理,正中突起,有时呈淡绿色,褐色或黄色,无多色性、吸收性;

② 在垂直云母解理切面上 N_m 与 N_g 相差很大,可呈现闪突起或假吸收现象;

③ 平行消光,最高干涉色可达二级顶部,平行解理切面为一级干涉色,二轴晶负光性。

(3) 绢云母

① 绢云母是一种分布较广的蚀变矿物,一般是铝硅酸盐类矿物分解的产物;

② 通常为隐晶质,也可呈细鳞片状结晶。

2. 角闪石族矿物的特点

(1) 角闪石晶体沿 C 轴延长呈长柱状,横截面呈菱形或近于菱形的六边形;

(2) 正中突起，糙面显著，两组柱面解理，{110}∧{110}为56°或124°；

(3) 角闪石的颜色随成分的不同而变化。一般无铁者为无色或浅色；含铁较多者为绿色或褐色；含钠的变种为蓝色或紫色，吸收性公式为 $N_p > N_m > N_g$。多色性显著，吸收性公式为 $N_g > N_m > N_p$；

(4) 横切面为对称消光。纵切面为斜消光，最大消光角 $N_g \wedge C = 12° \sim 25°$(碱性角闪石变化大)；

(5) 二轴晶负光性，只有个别碱性角闪石除外。

3. 辉石族矿物的特点

(1) 晶体呈短柱状，横截面为四边形或八边形，两组柱面解理，{110}∧{110}夹角为87°和93°；

(2) 无色或带浅色色调，多色性不及角闪石显著，高正突起，糙面显著；

(3) 斜方辉石为平行消光，其余各种辉石均为斜消光，消光角介于40°～60°；

(4) 二轴晶，光性可正可负。

4. 橄榄石矿物的特点

(1) 一般无色透明，无解理或极不完全解理，裂纹发育，高正突起，糙面显著；

(2) 最高干涉色可达三级，消光时平行解理或晶体外形；

(3) 光轴较很大，二轴晶，光性符号与铁含量有关，含铁量较少的橄榄石为正光性，反之亦然。

五、实习作业

1. 写出橄榄石、辉石、角闪石及黑云母的主要光学性质，并绘图说明。

六、思考题

1. 无多色性、无解理的黑云母切面与无多色性、无解理的角闪石切面如何区别？并指出上述黑云母和角闪石是属于哪种切面类型？

2. 总结暗色造岩矿物的共性及各自的特殊性。

表 11-1　显微镜下鉴定和描述下列矿物

矿物 \ 观察结果	绘图表示	鉴定特征	光性方位图
黑云母	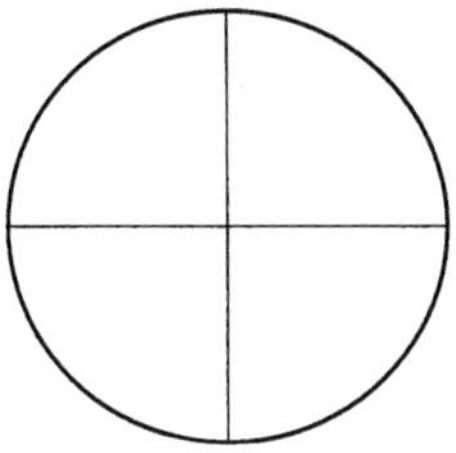		
白云母	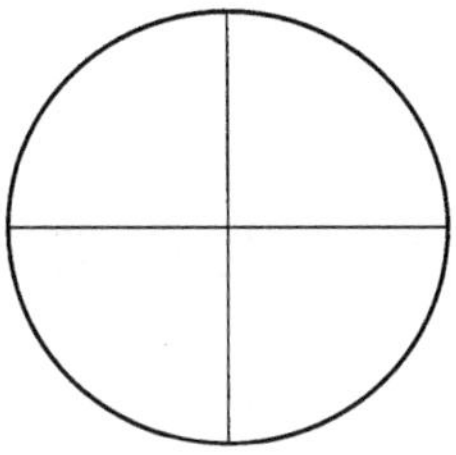		
角闪石	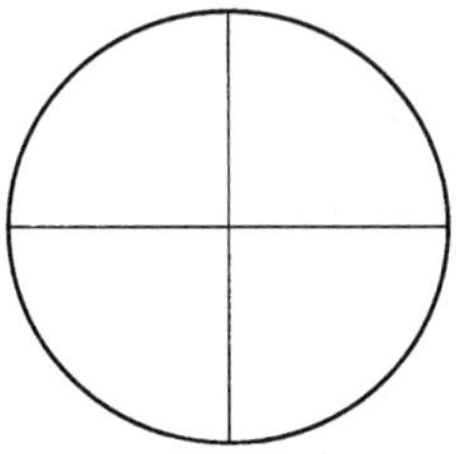		
辉石	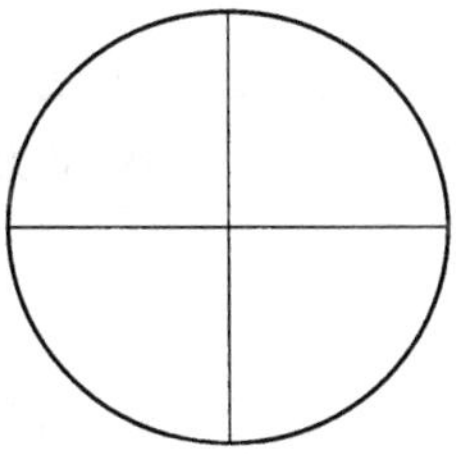		
橄榄石	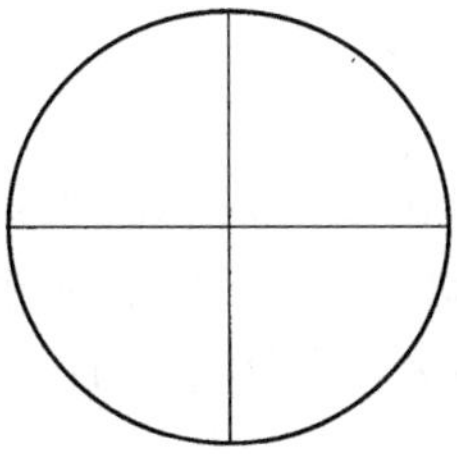		

实习十二　光性矿物(二)

——石英、萤石、磷灰石、方解石、长石类（2学时，综合性）

一、预习内容

浅色矿物的光性特征及其光性方位图。

二、目的要求

1. 掌握石英、萤石、磷灰石、方解石的光性特征；

2. 掌握长石族矿物的光性特征，并注意观察长石的双晶类型；

3. 掌握斜长石矿物的鉴定特征，注意观察各种长石在突起、消光角、双晶类型方面的区别。

三、实习内容

1. 观察(3210、3140)石英、萤石、磷灰石和方解石的光性特征及其鉴定特征；

2. 描述(1200、1210、1310、1400)正长石、微斜长石、条纹长石和斜长石光性特征及其鉴定特征。

四、实习提示

1. 石英

薄片中无色透明，折射率略高于树胶，低正突起，无解理、有时可见裂纹。最高干涉色为I级黄白色，一般为I级灰白色。柱状轮廓者为平行消光，因应力作用常见不同类型的波状消光。柱状晶体为正延性。

2. 萤石

薄片中无色，或呈浅绿色、淡紫色，不同颜色的萤石具有不同的折射率。高负突起，糙面很显著。{111}解理完全，有时见{001}解理。薄片中常见到二组解理，交角60°左右。均质体在正交偏光镜下全消光。

3. 磷灰石

薄片中一般无色，有时带微弱的不均匀的粉红、褐、浅蓝色，并具多色性。吸收性 Ne＞No。中正突起，{0001}解理不完全。最高干涉色为I级灰，柱状切面呈平行消光，横切面(自形好的呈六边形)全消光。负延性，板状晶体可能为正延性。

4. 方解石

无色，但因杂质可有灰、黄、浅红色。No为中高正突起，Ne为负低突起，故闪突起十分显著。$\{10\bar{1}1\}$解理极完全。高级白干涉色，沿解理方向对称消光。常具有沿菱形面$\{01\bar{1}2\}$的聚片双晶，{0001}接触双晶也常见，$\{10\bar{1}1\}$不常见。在薄片中双晶纹平行菱形解理的长对角线。

5. 碱性长石的种属划分、光性特征

碱性长石是富含碱金属钾、钠的长石总称，按化学成分大体上可划分三类：

(1) 富钾长石类：透长石、正长石、微斜长石；

(2) 富钠长石类：钠长石、歪长石；

(3) 钾钠质长石：条纹长石（正条纹、反条纹）。

薄片中一般无色透明，宽板状、柱状、不规则状。发育有{001}和{010}两组解理，都较完全，但{001}解理较{010}常见。负低突起，I级灰白干涉色。正长石常具卡式双晶；微斜长石常见格子双晶；歪长石常见格子双晶和卡式双晶。二轴晶负光性。正长石常见黏土化，表面常形成一层黏土质点，浑浊不清，不显光性，称泥化。

6. 斜长石的种属划分、光性特征

在岩石学研究中，斜长石作为连续固溶体系列看待，一般划分为六个变种：钠长石、更长石、中长石、拉长石、培长石和钙长石。

薄片中无色透明，呈宽板状或长条状，(010)与(001)之间的夹角为86°～87°。大多数为正低突起，只有酸性端元的钠长石为负低突起。双折射率低，呈I级灰白干涉色。常见聚片双晶、卡钠复合双晶、肖钠双晶；更长石的聚片双晶单体细密；中长石常见环带结构。大部分为二轴正晶，部分更长石为二轴负晶。

五、实习作业

1. 写出长石类的主要光学性质，并绘图说明。

六、思考题

1. 钾长石类矿物的光性特征有何异同点？
2. 总结斜长石类、钾长石类矿物光性特征的差异。

表 12-1 显微镜下鉴定和描述下列矿物

观察结果 / 矿物	绘图表示	鉴定特征	光性方位图
石英	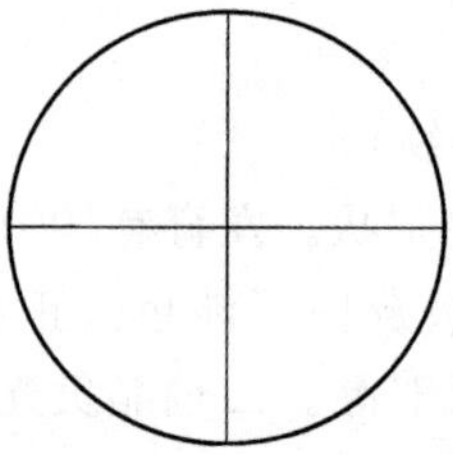		
萤石	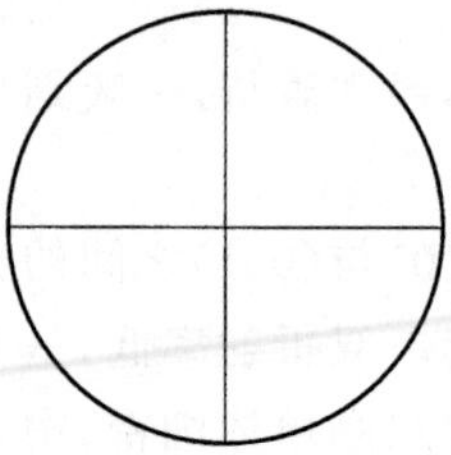		
方解石	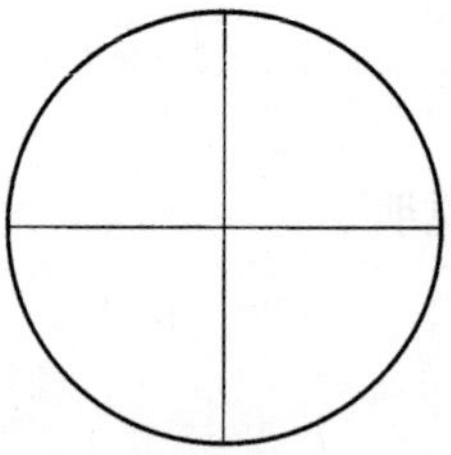		
条纹长石	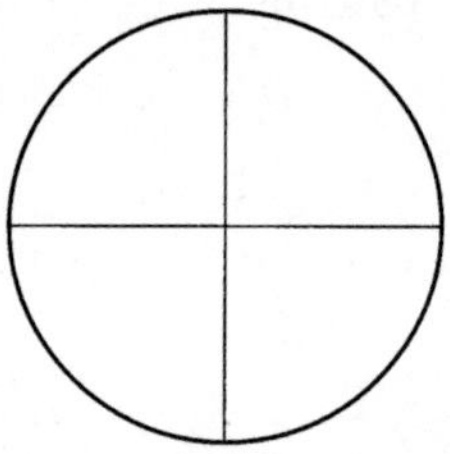		
斜长石	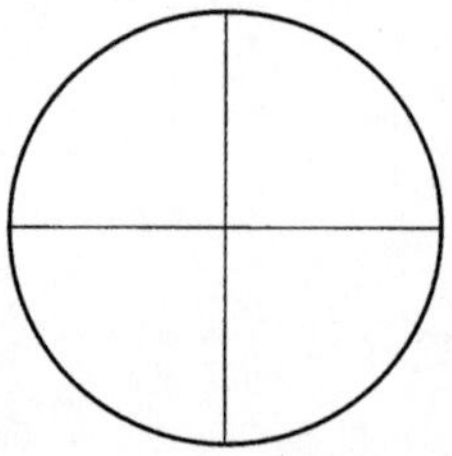		

参 考 文 献

[1] 林培英．晶体光学与造岩矿物[M]．北京:地质出版社,2005.

[2] 北京大学地质学系岩矿教研室．光性矿物学[M].北京:地质出版社,1979.

[3] 李德惠．晶体光学[M]．北京:地质出版社,1997.

[4] 刘孟慧．造岩矿物学[M]．山东:石油大学出版社,1991.

附件一　常用矿物代号

矿物名称	矿物代号	矿物名称	矿物代号	矿物名称	矿物代号
石英	Q	橄榄石	Ol	黄长石	Me
方英石	Cri	镁橄榄石	Fo	黝方石	Nos
燧石	Ch	贵橄榄石	Fa	方钠石	Sod
蛋白石	Op	辉石	Py	蓝方石	Hn
长石	Fp	斜方辉石	Opx	方沸石	Am
钾钠长石	Af	紫苏辉石	Hy	碳酸钠	Nc
正长石	Or	顽火辉石	En	石榴石	Ga
透长石	San	斜顽火辉石	Cen	铁铝榴石	Alm
微斜长石	Mi	古铜辉石	Br	钙铝榴石	Gro
条纹长石	Per	单斜辉石	Cpx	磁铁矿	Mt
斜长石	Pl	普通辉石	Aug	钛铁矿	Hm
钠长石	Ab	钙铁辉石	Hd	赤铁矿	Hem
奥长石	Olg	铁辉石	Fs	榍石	Sph
中长石	Ad	易变辉石	Pi	锆石	Zr
拉长石	Lb	透辉石	Di	尖晶石	Sp
培长石	By	铬透辉石	Cd	铬尖晶石	Chr
钙长石	An	硬玉	Jd	铁尖晶石	Hz
钡长石	Cn	霓石	Aeg	铬铁矿	Cm
霞石	Ne	锥辉石	Acm	电气石	Tur
白榴石	Lc	角闪石	Amp(Am)	金红石	Rn
假白榴石	Psl	普通角闪石	Hbl	萤石	F
钾霞石	Kp	阳起石	Ac	磷灰石	Ap
钙霞石	Can	玄武闪石	OX	方解石	Cc
褐帘石	All	镁铁闪石	Cun	霰石	Ar
绿泥石	Chl	蓝闪石	Gl	白云石	Do
黄铁矿	Pr	透闪石	Tr	绿帘石	Ep
方铁矿	Wu	直闪石	AT	黝帘石	Zo
蛇纹石	Sep	钠闪石	Ri	绢云母	Se
镁铝榴石	Pyp	黑云母	Bi	白云母	Ms
钙铁榴石	Ant	金云母	Phl	铁云母	Rei
绿辉石	Omp	蓝晶石	Ky	硬绿泥石	Chd
红柱石	And	十字石	Sta	铁闪石	Rer
矽线石	Sil	堇青石	Cor	钙铝黄长石	Ge

附件二　岩石镜下照片

注：S 表示照片长边实际长度；(＋)表示正交偏光；(一)表示单偏光。

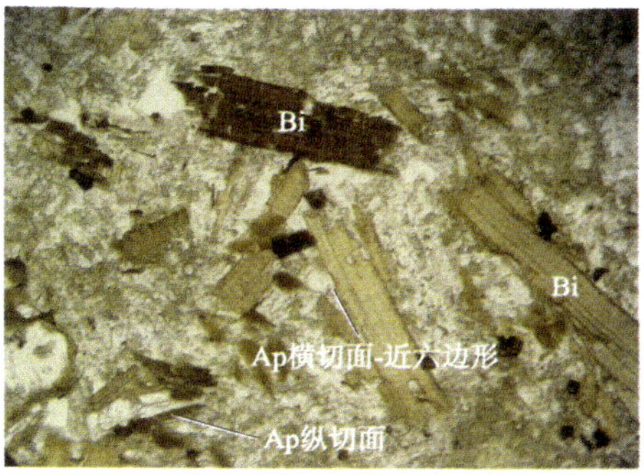

照片 1　云煌岩 S＝2.6 mm（一）
薄片号:1900　　产地:北京南口

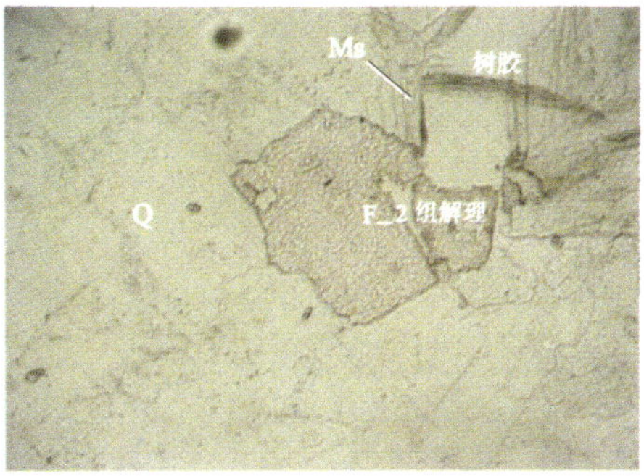

照片 2　云英岩 S＝2.6 mm（一）
薄片号:3210　　产地:湖南瑶岗仙

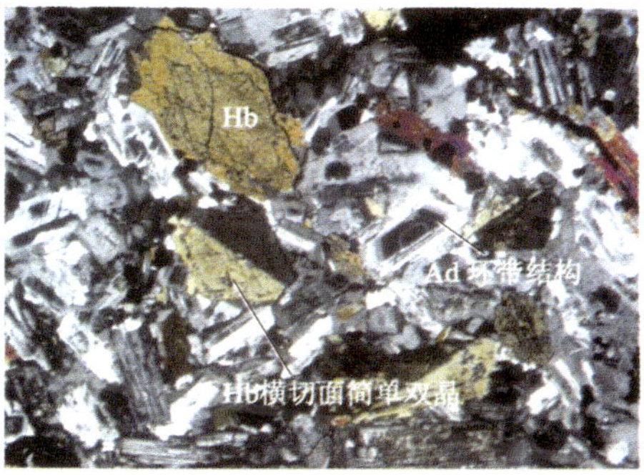

照片 3　闪长岩 S＝4.3 mm（＋）
薄片号:1310　　产地:河北符山铁矿

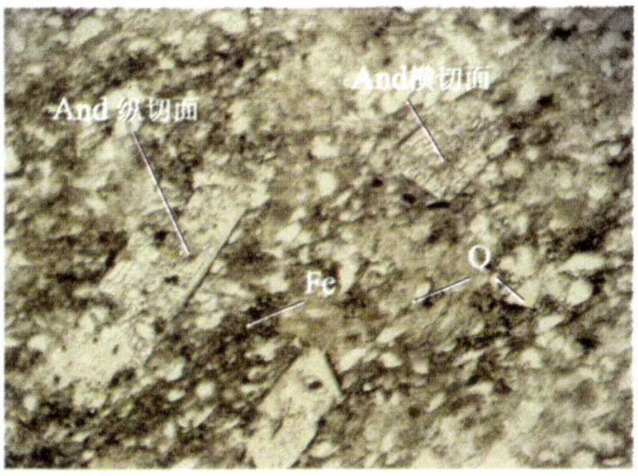

照片 4　红柱石角页岩 S＝2.6 mm（一）
薄片号:3111　　产地:江苏句容铜山北

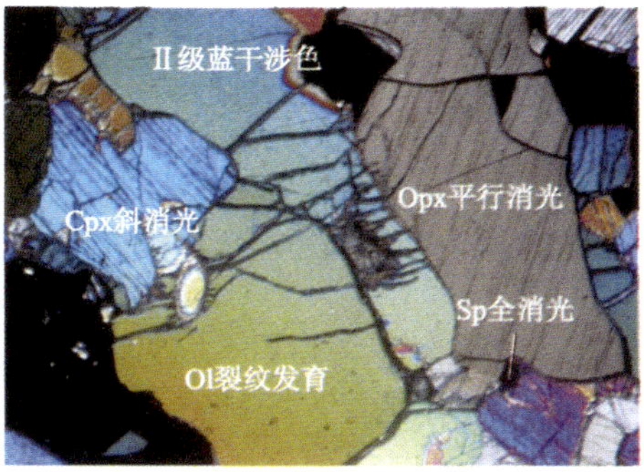

照片 5　二辉橄榄岩 S＝4.3 mm（＋）
薄片号:1106　　产地:河北张家口

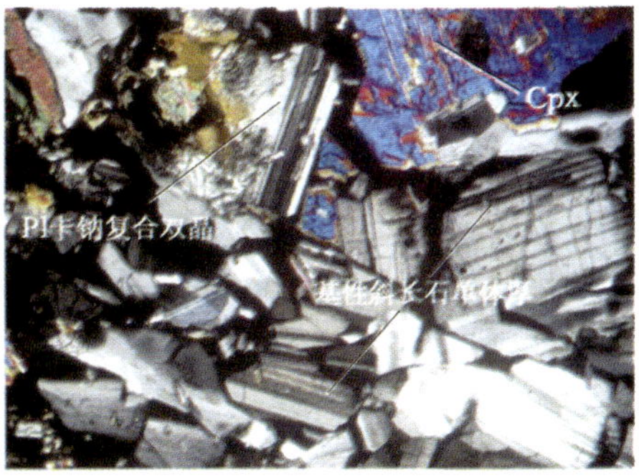

照片 6　辉长岩 S＝2.6 mm（＋）
薄片号:1204　　产地:山东济南鹊山

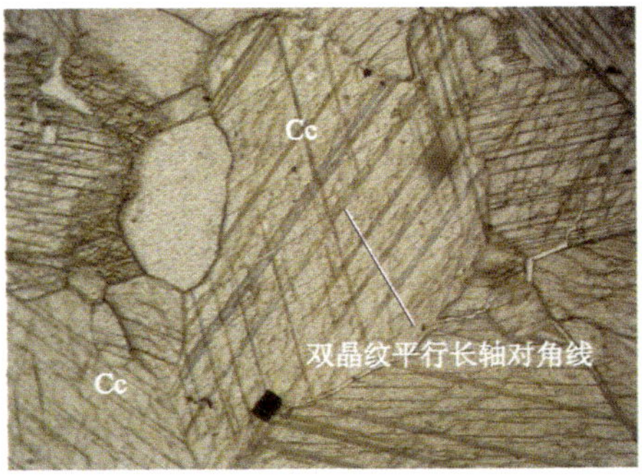

照片 7 大理岩 S=2.6 mm（—）
薄片号:3140 产地:江苏句容巢凤山

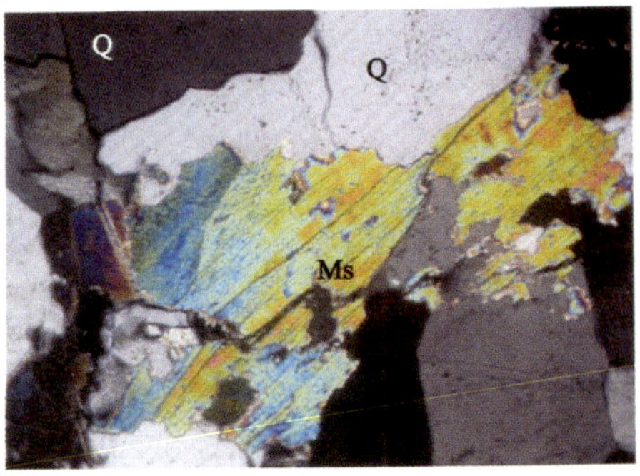

照片 8 云英岩 S=2.6 mm（+）
薄片号:3210 产地:湖南瑶岗仙

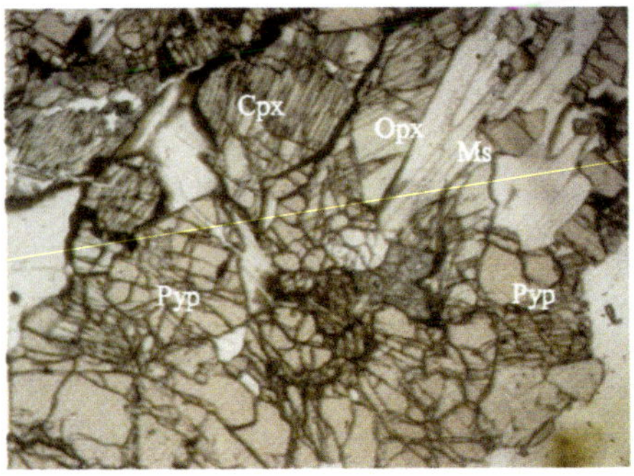

照片 9 榴辉岩 S=4.3 mm（—）
薄片号:3480 产地:江苏东海

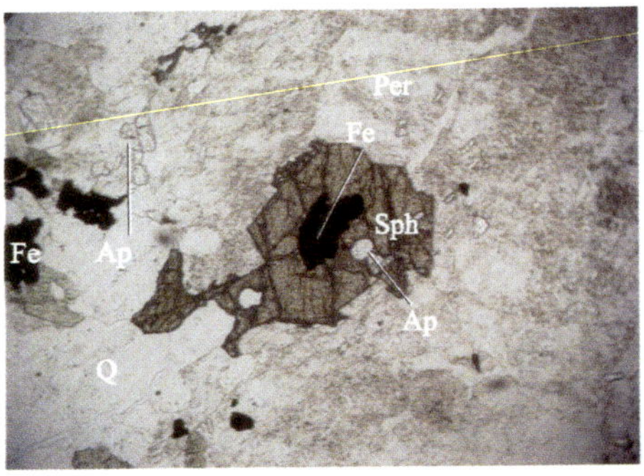

照片 10 花岗闪长岩 S=2.6 mm（—）
薄片号:1433 产地:河北寿王坟铜矿

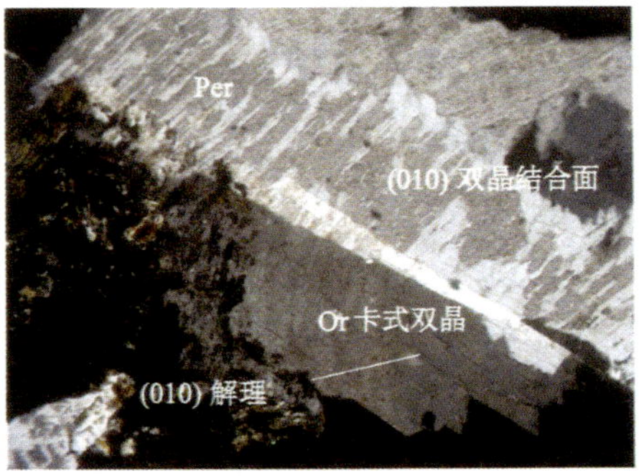

照片 11 钠闪石花岗岩 S=2.6 mm（+）
薄片号:1425 产地:居庸关九仙庙

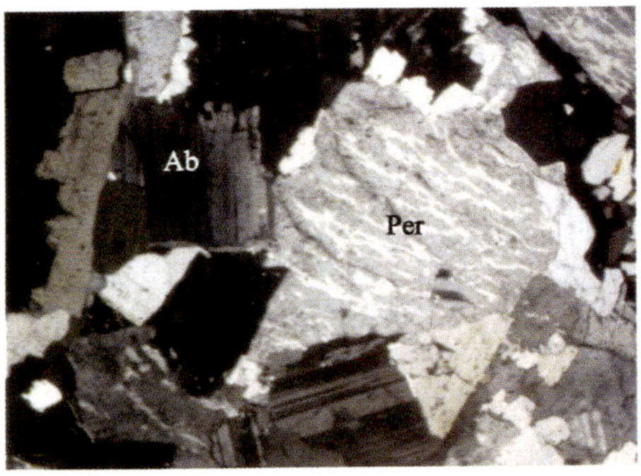

照片 12 花岗岩 S=4.3 mm（+）
薄片号:1410 产地:北京羊坊

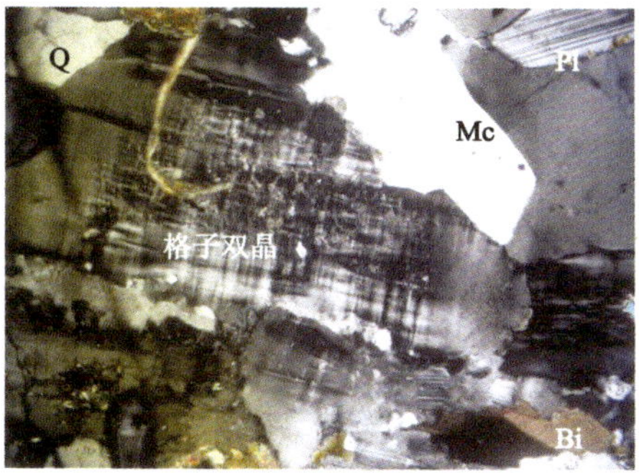

照片 13　花岗闪长岩 $S=2.6$ mm（＋）
薄片号：1431　　产地：北京周口店

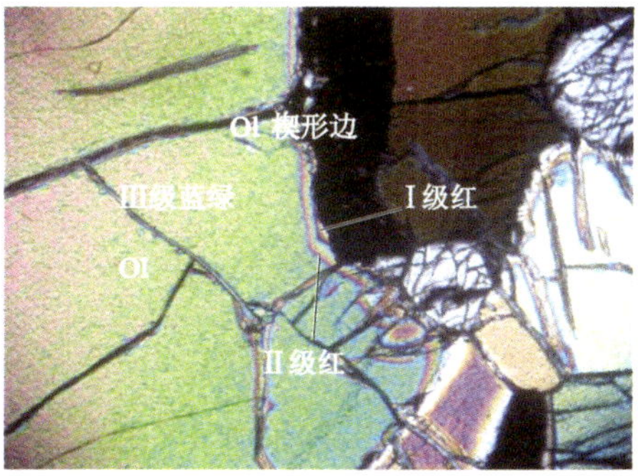

照片 14　二辉橄榄岩 $S=2.6$ mm（＋）
薄片号：1106　　产地：河北张家口

照片 15　堇青石角岩 $S=2.6$ mm（＋）
薄片号：3120　　产地：河北水家堡

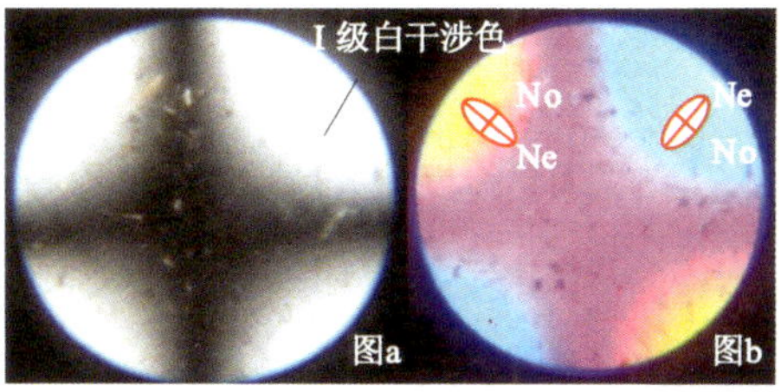

I、III象限 同名半径平行 干涉色升高(II级蓝)
II、IV象限 异名半径平行 干涉色降低(I级黄)
Ne>No 正光性

照片 16　石英⊥OA 切面　放大倍数 10×40
薄片号：48　图 b 插入石膏试板

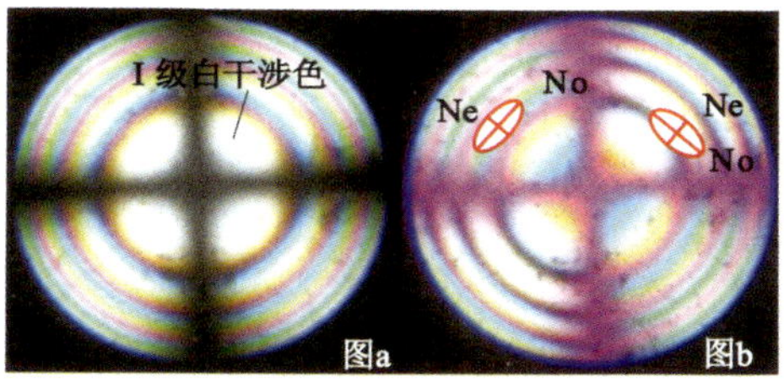

I、III象限 异名半径平行 干涉色降低(I级黄)
II、IV象限 同名半径平行 干涉色升高(II级蓝)

照片 17　方解石⊥OA 切面　放大倍数 10×40
薄片号：49　图 b 插入石膏试板

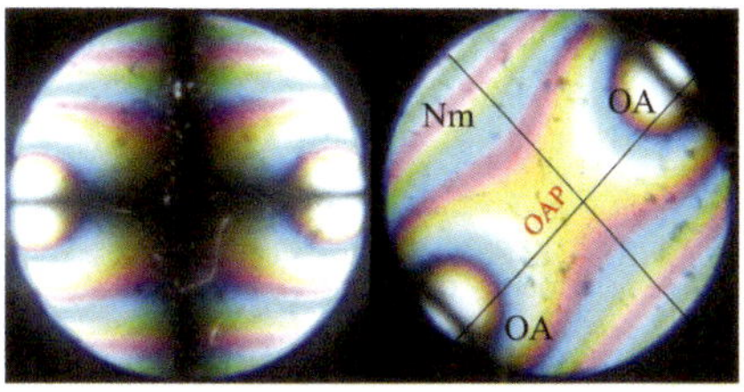

图a　0°位置　　图b　45°位置

照片 18　白云母⊥Bxa 切面　放大倍数 10×40
薄片号：50

附件三　干涉色色谱表

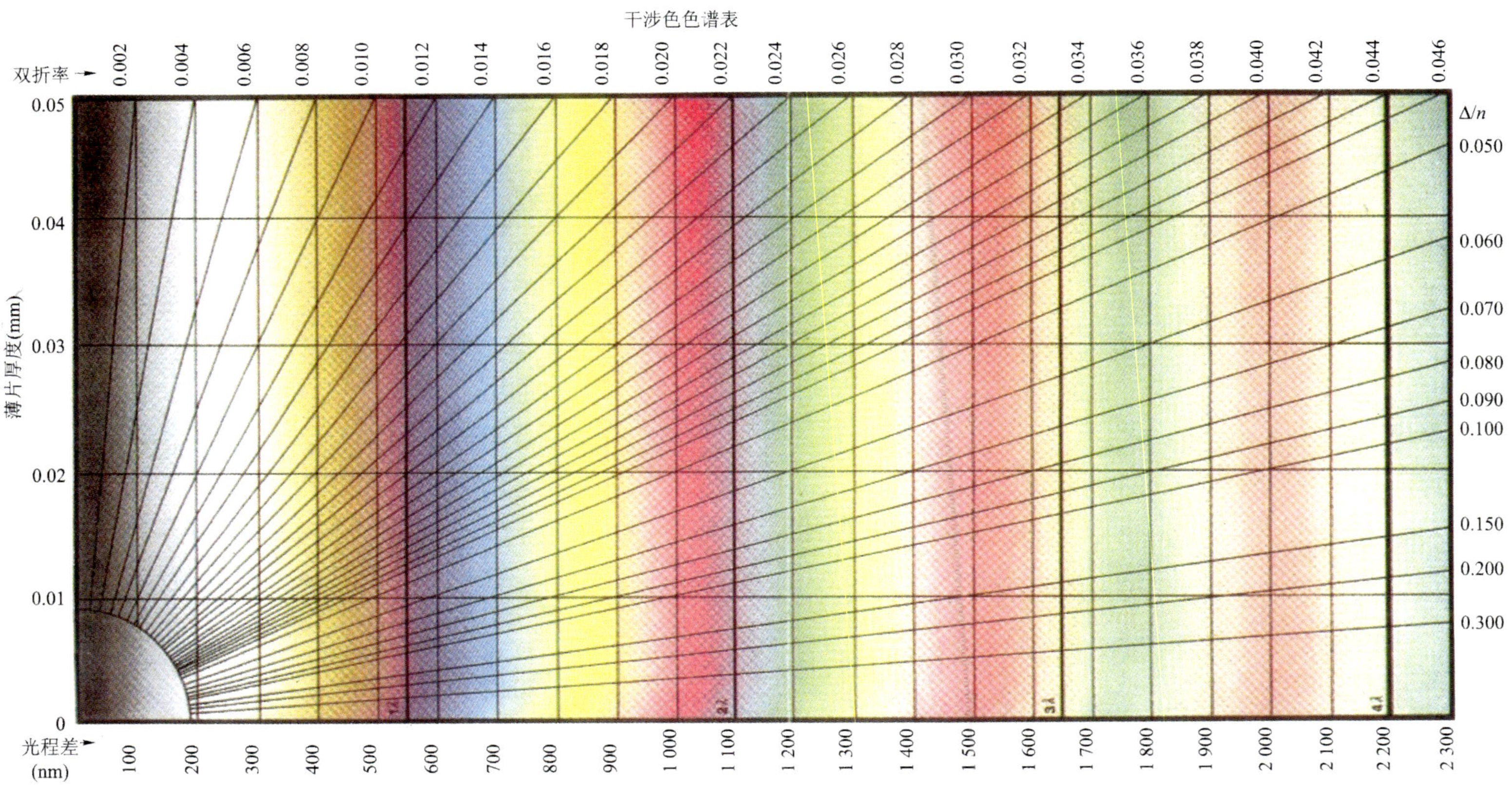
干涉色色谱表
双折率
0.002 0.004 0.006 0.008 0.010 0.012 0.014 0.016 0.018 0.020 0.022 0.024 0.026 0.028 0.030 0.032 0.034 0.036 0.038 0.040 0.042 0.044 0.046
薄片厚度(mm)
0.05 0.04 0.03 0.02 0.01 0
Δ/n
0.050 0.060 0.070 0.080 0.090 0.100 0.150 0.200 0.300
光程差
(nm)
100 200 300 400 500 600 700 800 900 1 000 1 100 1 200 1 300 1 400 1 500 1 600 1 700 1 800 1 900 2 000 2 100 2 200 2 300